本书由智强基金项目资助出版

活跃子空间降维不确定性设计优化方法及其航天应用

胡星志 著

U0309415

中国宇航出版社
·北京·

图书在版编目（ＣＩＰ）数据

活跃子空间降维不确定性设计优化方法及其航天应用/
胡星志著 . -- 北京：中国宇航出版社，2023.9

ISBN 978 - 7 - 5159 - 2282 - 9

Ⅰ.①活… Ⅱ.①胡… Ⅲ.①航天器－可靠性设计－
最优设计 Ⅳ.①V423

中国国家版本馆 CIP 数据核字（2023）第 175452 号

责任编辑 刘 凯　　**封面设计** 王晓武

出 版 发 行	**中国宇航出版社**		
社 址	北京市阜成路 8 号　邮 编　100830 (010)68768548	版 次	2023 年 9 月第 1 版 2023 年 9 月第 1 次印刷
网 址	www.caphbook.com	规 格	710×1000
经 销	新华书店	开 本	1/16
发行部	(010)68767386　　(010)68371900 (010)68767382　　(010)88100613（传真）	印 张	11.75
		字 数	204 千字　　彩 插　4 面
零售店	读者服务部 (010)68371105	书 号	ISBN 978 - 7 - 5159 - 2282 - 9
		定 价	88.00 元
承 印	天津画中画印刷有限公司		

本书如有印装质量问题，可与发行部联系调换

序

基于不确定性的设计（Uncertainty - Based Design）以及相关不确定性方法越来越受到关注，近年来该方向的研究一直十分活跃。如何在产品/系统设计过程中尽可能全面地考虑各学科不确定性因素的影响，在追求性能最优的同时综合提升其稳健性与可靠性是当前迫切需要解决的问题。以飞行器总体设计为例，在方案设计阶段需要考虑气动/结构/电磁/飞控等学科的耦合效应，存在大量的共享及耦合变量，各类不确定性交叉传播影响严重。

《活跃子空间降维不确定性设计优化方法及其航天应用》一书正是作者在多年来从事不确定性设计优化的科研实践及理论探索的基础上，系统地研究了基于活跃子空间降维的不确定性设计优化方法及其应用而编著的，系统全面，涵盖了从不确定性降维、不确定性传播分析到不确定性优化等诸多方面。该书面向实际工程问题中日益严峻的“维数灾难”（Curse of Dimension），加上广泛存在的认知不确定性影响，创新从活跃子空间降维不确定性设计优化理论角度开展系统研究，提出多学科多变量混合不确定性的广义活跃子空间概念，推导求解策略与降维模型，使得原有高维问题降维高效求解，解决认知不确定性降维难题，实现了分析精度和效率的提升，在实际多个复杂非线性问题中得到应用，具有显著的基础科学理论和工程应用价值。

作为不确定性设计优化研究领域鲜有的中文专著之一，该书内容全面翔实，理论介绍深入浅出，既可以当做一本不确定性设计优化研究领域的入门教材和参考书，也是一份实战手册，可以让读者充分了解当前不确定性设计优化领域的基础知识和前沿技术。

2023 年 6 月于北京

前　言

随着空天领域飞行器的快速发展，对其稳健性和可靠性要求日益提高。飞行器设计通常涉及多个学科、多维变量和复杂费时的数学模型，且各学科模型中常存在多种不确定性传播影响，如何实现稳健、可靠的系统性能最优是当前迫切需要解决的问题。不确定性设计优化（Uncertainty-Based Desgin Optimization，UBDO）方法研究不确定性影响下复杂系统的优化设计问题，对于提高飞行器设计水平具有重要意义。针对复杂多物理系统非线性、多参数、强耦合带来的“维数灾难”，本书对UBDO面临的不确定性降维、不确定性传播、极限情况分析、不确定性优化等主要难点进行研究，形成了一套较为系统的活跃子空间降维UBDO方法，并以星箭分离机构设计、对地观测卫星总体设计、月球探测纳星总体设计为例，从部件级和总体级两个层面对UBDO的应用展开研究，验证了方法可行性。

2011年，本人在导师陈小前教授的指导下开始UBDO理论方法的系统研究，经过近6年的研究，基本建立了一套针对复杂混合不确定性降维量化的广义活跃子空间降维与分析方法，本人的博士学位论文《活跃子空间降维不确定性设计优化方法及应用研究》有幸入选优秀博士学位论文。在此之后，本人及多位研究生在国家自然科学基金等项目的资助下继续开展活跃子空间理论方法及其工程应用研究，发表高水平学术论文20余篇，取得专利授权、软件著作权各3项。通过对多年的工作进行整理，去伪存真，形成本书。真诚地希望本书的出版对相关领域研究人员有所帮助。

本书的主要研究对象是多物理系统不确定性设计优化问题，全书共8章。第1章对UBDO内涵、技术难点与基本概念进行了介绍，对相关UBDO理论和应用研究进展分别进行了综述。针对当前研究的不足，确立了以“降维量化、传播分析、匹配优化”为核心的UBDO理论研究主线。第2章对基于广义活跃子空间的混合不确定性降维方法进行了论述，提出了广义活跃子空间降维的概念与方法，基于区间分析推导了降维判据，给出了区间特征值分析、经验分布函数与泰勒展开三种近似求解方法，并通过测试算例验证了适用性。第3章给出了基于区间活跃变量的混合不确定性传播分析法，研究降维空间自适应响应面的构建技术，给出了基于活跃变量的区间响应面模型及加权构造方法，以支撑高效的正向与逆向不确定性分析。第4章对不确定性密度匹配设计优化方法进行了研究，提出了基于目标分布信息的密度匹配设计优化方法，推导了基于目标低阶矩信息、累积分布函数的两种密度匹配优化表达式，探讨了密度匹配优化问题降维求解的一般策略，给出了一种基于约束强度的动态罚函数及其不确定性多目标求解算法，并通过算例验证了上述方法的有效性。第5、6、7章分别是基于UBDO的星箭分离机构可靠性设计、对地观测卫星总体设计和月球探测纳星总体设计应用研究，通过与传统设计方法对比，体现出本书UBDO方法的应用效果。第8章是总结与展望，总结了主要研究成果和创新点，提出了下一步研究的建议。

本书得以出版，需要感谢课题组的各位老师和同学，需要感谢单位各位领导和同事。同时需要感谢出版社编辑在本书出版过程中付出的辛勤劳动。

本书对活跃子空间降维 UBDO 理论的关键科学问题进行研究，旨在形成一套较为系统、普适的 UBDO 方法，以克服现有 UBDO 计算成本高昂、分析精度受限、工程实现困难等瓶颈问题，为 UBDO 理论发展及其推广应用奠定基础，预期可在航空航天、机械、土木、水文、气象等诸多领域应用。期望本书能够起到抛砖引玉的作用，吸引更多感兴趣的同行投入精力深入研究。

由于作者水平有限，书中难免存在不妥之处，诚望读者和同行专家批评指正。

胡星志

2023 年 1 月于北京

目　录

第1章　绪　论

1.1　研究背景

工程分析和优化设计受到各种各样的不确定性因素影响，这些不确定性会引起产品（或系统）的性能波动，甚至导致其功能失效。图 1-1 给出了飞行器方案设计过程中所用模型、计算方法及其输入输出等各类不确定性，在上述不确定性的影响下，实际性能指标可能会偏离设计指标较远，甚至造成某些部件故障和失效。以航天器为例，文献［1］指出："美国国家航空航天局（NASA）曾对 2 500 个航天器在轨故障进行调查，发现有 21.4%是由于对所处环境不确定性的影响估计不足，有 30.3%是由于零部件质量及加工、装配质量等存在不确定性。"典型例子是美国的"哈勃"太空望远镜曾出现实际成像质量远低于预期指标的问题，据调查，源于镜面加工误差不确定性未充分考虑，最终花费上亿美元进行在轨维修[2]。因此，如何在产品/系统设计过程中尽可能全面地考虑各学科不确定性因素的影响，在追求性能最优的同时综合提升其稳健性与可靠性是当前迫切需要解决的问题。

针对上述需求，如何合理地定量处理各种不确定性信息一直是航空航天、机械、土木、水文、气象等领域的前沿热点课题[3]，近年来相关不确定性方法的研究吸引了众多学者[4-6]，涌现出大量的研究文献[7-9]，其主要研究目的是：1）提高设计稳健性，降低系统性能对不确定性影响的灵敏度，使设计性能在不确定性影响下保持稳定；2）提高系统可靠性，降低发生故障和失效的概率，使设计性能最优的同时满足预定可靠度的要求。针对上述两个目标，不确定性设计优化可分为稳健设计优化和可靠性设计优化两类。在航空航天领域，由于飞行器设计涉及结构、控制、气动、推进等相互影响的多个子系统[10-18]，存在大量的共享及耦合变量，加上不确定性学科间交叉传播影响，

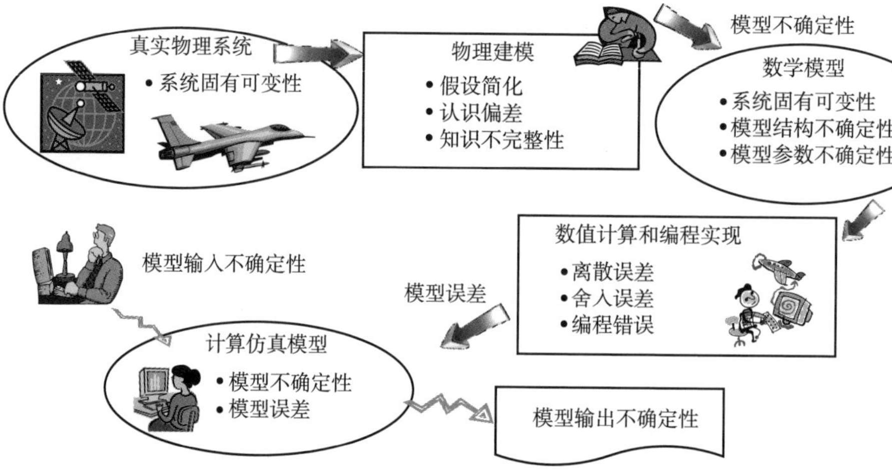

图 1-1　仿真设计中涉及的不确定性示意图[1]

传统设计方法存在较大的局限性，很难获得系统性能的最优，由此带来了不确定性设计优化（Uncertainty-Based Design Optimization，UBDO）的研究热潮。

UBDO 是指以提高系统可靠性与稳健性为目的、充分考虑不确定性影响的一类设计优化方法[19,20]。2010 年确定性优化方法 MDO（Multidisciplinary Design Optimization）奠基人美国 J. Sobieski 教授，在 MDO 提出 25 周年研讨会主题报告中指出："MDO 正处在发展的十字路口，不确定性 MDO 将是其最有发展前景的方向之一。"[21] 2002 年与 2014 年，NASA 分别发表的白皮书《基于不确定性的飞行器设计优化方法机遇和挑战》[3]与《多学科不确定性量化的挑战》[22]，将飞行器 UBDO 列为重点研究方向。与确定性设计优化相比，UBDO 涉及的理论更为复杂，重点包括不确定性描述、灵敏度分析、不确定性传播、极限情况分析与不确定性优化五个方面。2015 年，NASA 通过出版 JOURNAL OF AEROSPACE INFORMATION SYSTEMS 特刊[23]论述这些 UBDO 技术挑战。因此，开展先进不确定性量化（Uncertainty Quantification，UQ）、不确定性传播（Uncertainty Propagation，UP）与不确定性优化（Optimization Under Uncertainty，OUU）[24-27]的研究对于推动飞行器 UBDO 理论发展与工程应用具有重要意义。

目前，一般确定性设计优化方法及其在飞行器设计中的应用比较广泛[28]，但对 UBDO 的研究还处于起步阶段，尤其国内相关研究起步较晚。

图 1-2 给出了 UBDO 的一般求解流程，由于不确定性描述与具体研究对象紧密相关，本书主要对 UBDO 面临的灵敏度分析、不确定性传播、极限情况分析、不确定性优化等技术难点进行研究，其中灵敏度分析本质上是研究不确定性降维。研究内容主要分理论研究与应用研究两个方面。理论方面，将重点研究不确定性降维、不确定性传播分析与不确定性优化，这里不确定性传播分析包含正向不确定性分析与极限情况分析，在此基础上形成一套较为系统、普适的 UBDO 方法，为提高飞行器设计水平奠定基础。应用方面，将上述方法应用于小卫星星箭分离机构设计、对地观测卫星总体设计、月球探测纳星总体设计等航天领域热点问题，从部件级和总体级等各层次验证本书方法应用于飞行器设计阶段的可行性与有效性，推动 UBDO 在实际工程中的应用。

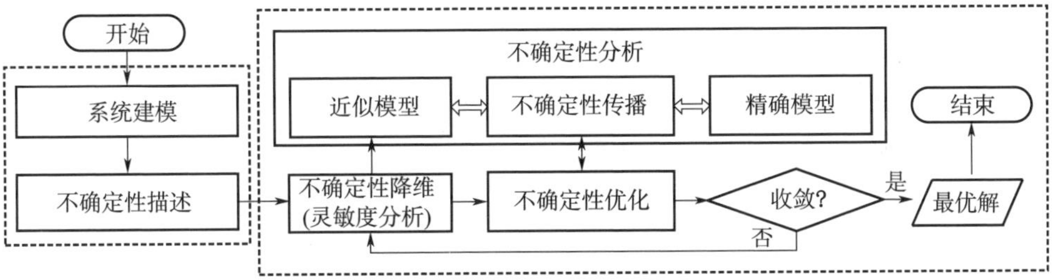

图 1-2 UBDO 求解流程示意图

1.2 基本概念

本节对本书中涉及的基本概念进行介绍。

(1) 不确定性 (Uncertainty)

广义上，不确定性指物理系统及其环境的内在可变性，以及人对物理系统及其环境认识的知识不完整性，分别称为随机不确定性 (Aleatory Uncertainty) 与认知不确定性 (Epistemic Uncertainty)[29,30]。前者也称偶然不确定性，指固有存在的、不可消除的不确定性，可用概率统计的方法加以处理；认知不确定性是指由于知识缺乏或不完备引起的不确定性，往往只能给出大致的范围。

对于产品设计过程，不确定性也可分为设计变量不确定性 $\boldsymbol{d}$ 与系统参数不确定性 $\boldsymbol{p}$，记为 $\boldsymbol{x}=(\boldsymbol{d},\boldsymbol{p})^{\mathrm{T}}$，前者是描述产品或系统的特征、在设计过程中可被设计者控制的一组相互独立的变量，其不确定性在设计过程中往往是可改变的；后者是描述产品或系统的特征、在设计过程中保持不变的一组参数。

(2) 稳健性 (Robustness)

稳健性是指产品或系统性能在不确定性影响下的稳定程度[31]。

稳健的系统对系统本身及其所处环境的变化不敏感。在不确定性影响下，稳健系统的性能变化和功能损失程度很小，能够维持在相对稳定的水平。系统稳健性可以通过偏差量来衡量，即系统性能在不确定性影响下的变化量测度。

(3) 可靠性 (Reliability)

可靠性是指不确定性影响下完成规定功能的能力[32]。

通常可靠性是产品或系统在使用过程中没有发生故障的能力。可靠性一般可以通过可靠度来衡量，即产品在规定条件下和规定时间内完成规定功能的不确定性测度。

上述不确定性、稳健性与可靠性的关系如图 1-3 所示。

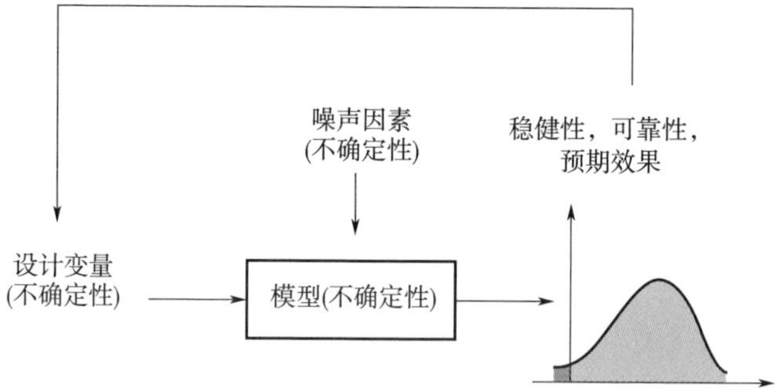

图 1-3　不确定性影响下稳健性与可靠性的关系示意图

(4) 概率密度函数 (Probability Density Function，PDF)

概率密度函数：描述不确定性影响下的系统响应输出，在某个确定的取值点附近的可能性的函数[33]，简称 PDF。

PDF 可以是一维也可以是多维可测函数，其常见阶矩信息有算术平均、方差、斜度（分布的不对称）和峰度（分布的峰值）[34]，如正负斜度，如图 1-4 所示，对可靠度与稳健性计算的精度具有重要影响。若以 $s(f)$ 表示 PDF，则系统响应的累积分布函数 (Cumulative Density Function，CDF) 为

$$S(f_0)=\int_{-\infty}^{f_0} s(f)\mathrm{d}f \tag{1-1}$$

其中，f_0 是任意实数，S 称为 f 的分布函数。

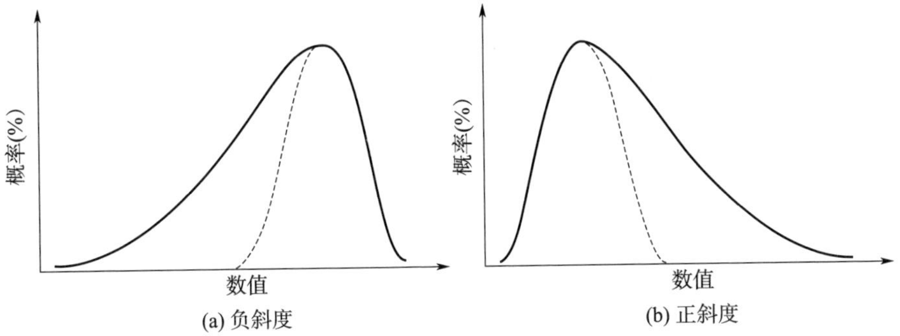

图 1－4　概率密度函数的正负斜度示例图

（5）确定性设计优化（Deterministic Design Optimization）

确定性设计优化：设计变量（也称优化变量）、系统参数以及系统模型均为确定性的优化问题，数学模型表述如下

$$\begin{cases}\text{find} & \boldsymbol{d}\\ \min & f(\boldsymbol{d},\boldsymbol{p})\\ \text{s. t.} & \boldsymbol{g}(\boldsymbol{d},\boldsymbol{p})\leqslant \boldsymbol{c},\boldsymbol{d}^{\mathrm{L}}\leqslant \boldsymbol{d}\leqslant \boldsymbol{d}^{\mathrm{U}}\end{cases} \tag{1-2}$$

此时 $\boldsymbol{d}$ 和 $\boldsymbol{p}$ 分别为设计变量向量和系统参数向量。$\boldsymbol{d}^{\mathrm{U}}$ 和 $\boldsymbol{d}^{\mathrm{L}}$ 分别为设计变量的上下限。$f(\cdot)$ 为优化目标函数，$\boldsymbol{g}(\cdot)$ 为不等式约束条件向量（等式约束化为不等式约束考虑），$\boldsymbol{c}$ 为约束条件对应的极限状态向量（约束边界）。

（6）不确定性设计优化

不确定性设计优化主要解决不确定性影响下的设计优化问题[35]，获得最优决策/结论/设计的同时综合提高设计方案的稳健性和可靠性，分为稳健设计优化（Robust Design Optimization，RDO）和可靠性设计优化（Reliability－Based Design Optimization，RBDO），前者主要降低系统性能对不确定性影响的敏感度；后者对设计方案满足约束的可靠度进行考虑，如图 1－5 所示。

为了同时提高系统设计的稳健性和可靠性，一些研究人员结合 RDO 和 RBDO 形成了可靠性稳健设计优化（RBRDO 或 R^2BDO）[4,36,37]，其数学表述如下

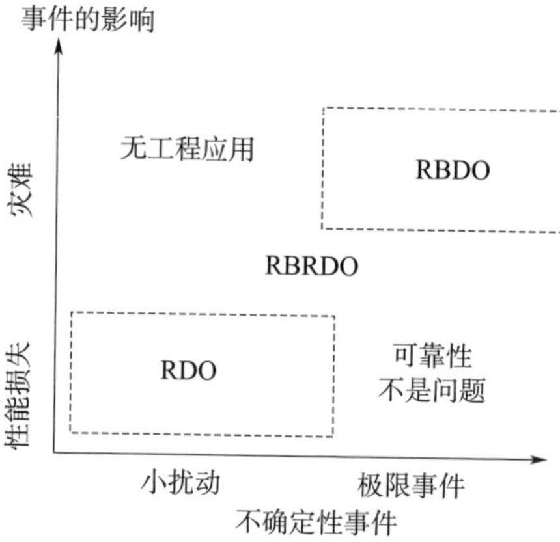

图 1-5　RDO 与 RBDO 特点

$$
\begin{cases}
\text{find} & \boldsymbol{d} \\
\min & F(f(\boldsymbol{x})) \\
\text{s.t.} & \Pr\{\boldsymbol{g}(\boldsymbol{x}) \leqslant 0\} \geqslant \boldsymbol{\eta} \\
 & \boldsymbol{x}^{\mathrm{L}} \leqslant \boldsymbol{x} \leqslant \boldsymbol{x}^{\mathrm{U}}
\end{cases}
\tag{1-3}
$$

其中，$\boldsymbol{x}=(\boldsymbol{d},\ \boldsymbol{p})^{\mathrm{T}}$ 代表所有有界的不确定性因素，$\Pr\{\cdot\}$ 为满足可靠性约束 $\boldsymbol{g}$ 的概率表述，$\boldsymbol{\eta}$ 为给定的可靠度向量，$F(\cdot)$ 是对系统响应 f 的一个性能度量，来提高系统稳健性和可靠性。

1.3　国内外研究进展

近年来，考虑系统不确定性的 UBDO 已经成为工程设计领域的研究热点，受到学术界和工业界的广泛关注。2015 年，NASA 关于 UBDO 主要技术难点的特刊[23]引来了世界范围内数十个研究机构与院校的响应与投稿。

1.3.1　理论研究进展

本节对本书重点研究的不确定性降维、不确定性传播分析、不确定性优化以及相关近似模型技术的国内外研究进展进行综述。

1.3.1.1　不确定性降维

对于涉及多个学科、多维不确定性的复杂物理系统，设计变量与状态变量众多，直接开展不确定性分析与优化结果是困难的，往往需要行之有效的降维方法（Dimension Reduction Methods）[38]。最简单的降维方法是灵敏度分析法（Sensitivity Analysis，SA）[39]，通过梯度求解或有限差分的方式，确定设计变量及状态变量对目标函数或约束函数的影响大小，进而滤除影响较小的输入而实现降维，这种方法计算量大且直接滤除一些输入可能带来较大误差。更为流行的方法是通过某种映射、投影或处理，使得原本高维的问题可以在低维空间进行有效定位、分析与求解。它可以分为两大类：线性方法和非线性方法。当各个变量间线性无关或者在一定程度上可用线性结构近似表达非线性时，运用线性方法来对不确定性变量进行降维。线性方法主要有多维尺度分析（Multidimensional Scaling，MDS）[40]、主成分分析（Principal Component Analysis，PCA）[41]、线性判别分析（Linear Discriminant Analysis，LDA）[42]、随机投影（Random Projection，RP）[43]等。MDS是一种将多维空间的研究问题简化到低维空间处理，同时又保留各变量间原始关系的降维方法。PCA是通过协方差近似，以多变量线性组合形式选出较少个数重要变量来实现降维分析的方法。LDA与PCA方法类似，是将多维变量投影到最佳鉴别矢量空间，投影后在新的子空间有最大的类间距离和最小的类内距离，以达到降低特征空间维数的效果。RP通过构建Lipschitz映射来实现降维，随机地将原始输入投射到一个低维子空间，该方法的计算效率较高。

当不确定性问题高度非线性时，运用线性方法进行降维量化的效果不是很理想，这种情况下需要用非线性的方法进行降维。常见非线性方法有基于核的主成分分析方法（Kernel Principal Component Analysis，KPCA）[44]、局部线性嵌入法（Local Linear Embedding，LLE）[45]、Hessian局部线性嵌入算法（Hessian Locally Linear Embedding，HLLE）[46]、拉普拉斯特征映射法（Laplacian Eigenmaps，LE）[47]等。KPCA是目前比较流行的一种特征提取方法，它是利用核估计技巧对PCA进行的一种非线性推广。LLE是将不确定性变量以局部线性近似的形式逐点嵌入来构造低维空间。LLE通过最小化平方误差来实现线性嵌入，而HLLE以最小化Hessian泛函来实现线性嵌入，可以看成拉普拉斯特征映射框架的改进。Belkin和Niyogi于2003年提出的LE在输入变量空间构建Laplace-Bel-Trsmi算子，根据与该算子一致的最小特征值的特征向量进行降维。上述方法存在的不足是当复杂问题维度较高时，尤其面向混合不确定性情况，计算效率较低，且对降维所需样本的选择较为敏感，导致应用范围受限。本书将针对不同分布和未知分布信息的各种不确定性变量，研究具有广泛适用性的基于广义活跃子空间的混合不确定性降维方法，满足日益增长的高维 UBDO 需求。

1.3.1.2 不确定性传播分析

不确定性分析是根据系统输入、外部环境和系统自身的不确定性传播影响，对系统输出性能的不确定性分布特征进行量化的方法[25]。美国工业与应用数学学会（SIAM）目前每两年会组织一次不确定性分析年会，每届会议都有 500 余人参会。2013 年，SIAM 和美国数理统计协会（ASA）创立联合期刊，专门发表该领域的前沿研究成果。由此可见，不确定性分析研究在国际上得到了很大的重视。

不确定性传播分析目前主要形成了五类方法：第一类是蒙特卡洛仿真（Monte Carlo Simulation，MCS）[48,49]方法，这类方法以蒙特卡洛打靶为基础，采用拉丁超立方抽样[50]、重要性采样[51]、自适应采样[52]、拟 Monte Carlo[53]等技术，属无偏估计，计算成本高。第二类是摄动方法（Perturbation Methods）[54,55]，它将一个随机函数在其均值附近展开成 Taylor 级数，取前一阶或二阶展开，固有缺陷是不确定性放大时误差较大，只适合小尺度的随机输入问题。第三类是基于矩估计的方法[56]，有一次二阶矩方法（First Order Second Moment Method，FOSM）、一次可靠度分析方法（First Order Reliability Method，FORM）、二次可靠度分析方法（Second Order Reliability Method，SORM）[57-59]等。FORM 与 SORM 在标准空间中将极限状态函数（Limit State Function，LSF）在最大可能点（Most Probable Point，MPP）处展开成一阶或二阶形式，进而计算系统的输出响应。这类方法直接基于低阶矩近似进行估计，分析效率较高但精度较差。第四类是多项式混沌展开（Polynomial Chaos Expansion，PCE）[31,60]方法，其基本思想是将精确解在随机参数空间进行多项式展开，最早由 Wiener[61]于 1938 年提出，Wiener 使用 Hermite 多项式来进行高斯型随机参数的不确定性分析，Ghanem[62]等随后将这种逼近方法与空间有限元方法进行结合，Xiu[63]等近年来基于 Askey 系统将该方法推广用于任意分布的随机不确定性问题。如果精确解对于随机参数有良好的正则性，该方法指数级收敛，但求解联立方程组较为困难。第五类比较流行的方法是随机配置法（Stochastic Collocation，SC）[64,65]，通过融合 MCS 方法与多项式 Galerkin 投影方法的优势，基于一些特殊的样本点来构造高精度的多项式逼近。该方法避免了多项式混沌法联立方程组求解的困难，是基于张量积高斯点和张量多项式插值的方法，Xiu[64]等对基于稀疏节点的插值方法进行了改进，但对于实际复杂系统不确定性分析，上述方法一般适用于不确定性维数不大的情况，且精度/效率对样本点的选取较为敏感[66]。

对于认知不确定性传播，不同的不确定性描述形成了不同的不确定性传播分析方法，统称为非概率（Non-probabilistic Approaches）或者不精确概率（Imprecise Probability）方法[67-69]。通常采用的描述方法包括区间分析方法（Interval Analysis）[70-73]、凸集模型（Convex Modeling）[69]、证据理论（Evidence Theory）[56,74,75]、模糊集合（Fuzzy Set）[76,77]、可能性理论（Possibility Theory）[78]等，文献［79-81］对这些方法进行了总结。随机不确定性和认知不确定性在飞行器总体设计、部组件设计中广泛存在[72,82,83]，对于上述两种不确定性混合情况下的不确定性分析问题，目前国内外相关的研究较少，主要包括基于概率论和模糊集合的可靠度上下限分析方法[84]、基于 PCE 和 SC 方法的混合不确定性分析[30]、面向概率论和证据理论或区间描述的 FORM 不确定性分析方法（Unified Uncertainty Analysis，UUA）[85]等。如 Du[85]等提出嵌套 FORM 进行概率分析和非线性优化方法进行区间分析，来处理这种混合不确定性问题。上述方法的不足之处是对随机不确定性和认知不确定性分开量化，然后将两者嵌套执行以获得混合不确定性的综合影响，由此导致计算量非常巨大[86]。本书针对多维混合不确定性传播问题，将基于降维空间给出一种仅依靠单个或少数活跃变量的传播分析方法，以提高混合不确定性统一分析的精度/效率。

1.3.1.3　不确定性优化

美国 NASA Langley 中心对基于不确定性的方法（Uncertainty-Based Methods，UBM）[6]进行了调研，强调应用改进的计算与实验方法解决飞行器多学科设计问题的必要性，其中重要内容之一是 OUU。一般不确定性优化可归结为一个双层嵌套问题，内层为不确定性分析，外层是对设计变量的寻优，其优化过程的研究主要是以确定性优化过程为基础，结合不确定性分析与优化方法进行相应扩展研究[87-89]。OUU 的理论和方法主要有两类：RDO 和 RBDO，前者提高产品/系统的稳健性，即降低工作性能对不确定性的敏感程度；后者提高产品/系统的可靠性，即降低发生故障的概率。RDO 的基本思想是优化系统性能的统计度量（如均值），同时尽量减少刻画系统输出变化的另一统计度量（如标准偏差）[90]。

通常 RDO 适合于表示稳健性和系统性能之间的折中解决方案，实际为多目标优化问题，一般处理方法包括加权求和法[91]、折中法[90,92]、基于偏好的规划法[93]、进化算法[94,95]等。Rangavajhala[96]等还对不确定性多目标优化的可视化问题进行了研究。上述方法的一个不足之处是求解之前根据偏好信息或权重[97]将多目标化为单目标优化，可以获得单个最优妥协解，但无法获得非凸的 Pareto 最优前沿[98]。而 RBDO 是最小化成本函数的问题，需要在各种不确定性来源下满足特定风险和目标可靠性[99]，常采用基于 FORM 的可靠性指标法（Reliability - Index - Based Approach，RIA）和观测性能方法(Performance - Measure Approach，PMA)[100]来处理该问题。RIA 方法近似计算约束条件的可靠度，与给定可靠度进行对比来判断可靠性约束是否成立；而 PMA 方法近似计算给定可靠度对应的约束函数分位点，将其与约束值对比来判断是否满足可靠性约束。Li 等对模糊集合描述不确定性时的 OUU 问题求解方法进行了总结[101]。其他针对混合不确定性的优化方法有模糊规划、随机与模糊混合优化算法[102,103]等。总的来说，上述方法在优化过程中一般仅考虑低阶矩信息（如均值和方差），忽略了偏度与峰度等[104]高阶矩信息，适用范围有限；另一项不足是大多仅适用于单一优化目标，但实际工程问题中可能存在多个相互耦合、冲突的优化目标，需要在优化过程中一并考虑。为了解决这些问题，本书将考虑系统响应的全阶矩信息、多约束多目标优化情况，研究基于密度匹配的不确定优化方法与相应求解算法，以提升不确定性优化效果，拓展应用范围。

1.3.1.4 近似模型技术

近似模型技术有利于降低计算成本，辅助实现不确定性分析与优化。通过构造近似模型取代复杂物理模型，以此实现计算精度和计算成本的折中，从而提高求解效率。与确定性优化问题不同，UBDO 问题在搜索最优解的过程中需要在每一个搜索点进行不确定性分析，单个搜索点分析的计算成本巨大，导致训练样本点数量十分有限，且采样空间与采样方法要根据相应变量的分布情况来设计。近似方法由此成为这些问题减少计算成本、寻找收敛解的有效途径。目前广泛使用的近似方法包括：基于多项式的响应面法（Response Surface Method，RSM）、样条函数插值近似方法、径向基函数法（Radial Basis Function，RBF）、Kriging 方法、神经网络（Neural Network，NN）以及支持向量机（Support Vector Machines，SVM）[105-109] 等，文献［110］对其进行了对比。典型代表是响应面法，Montgomery[111] 将其定义为：用于开发、改进和优化设计过程的统计和数学技术，通常选取一些样本点构造响应面来近似。近年来有学者根据不确定性分析与优化问题的特点，对上述近似方法加以改进或者对序贯抽样策略进行研究，如 Kim 和 Na[112] 对响应面方法进行改进，通过梯度投影的方法序贯添加采样点来提高近似精度，但算法较为复杂且存在奇异问题。另一种是 Kaymaz 等[113] 提出的加权回归响应面法，赋予靠近极限状态的样本点更大的权重。考虑到飞行器设计的学科模型具有多隐式函数模型、多不确定性环境[114,115] 的特点，如何构造其高精度近似模型是目前该领域亟待解决的问题。有效解决方法之一是将降维方法与近似模型结合，以低维空间的代理模型近似高维空间的复杂模型。在不确定性优化问题中，各设计变量不确定性随设计点的改变而变化，这对近似模型的构建也造成一定困难，同时合理的区间近似模型精度评价方法也是需要研究的问题。本书对降维空间的自适应响应面传播模型与评价方法进行研究，给出一种基于活跃变量的自适应区间响应面模型，以提升混合不确定性下的近似效果。

1.3.2 应用研究进展

作为一种适用性很强的方法，UBDO 在航空航天领域具有广泛的应用前景，NASA 对 UBDO 理论在飞行器设计中的应用研究十分重视，其发表的白皮书《基于不确定性的飞行器多学科设计方法机遇和挑战》[3] 和《多学科不确定性量化的挑战》[22]，对 UBDO 理论应用于飞行器设计的需求和困难进行了深入分析。与此同时，NASA 于 2012 年发布的《NASA 发射系统前沿技术路线图》[116] 指出，如何基于 UBDO 方法降低飞行器设计与研制成本，提升空间任务与卫星发射的可靠性迫在眉睫。本节对 UBDO 在飞行器部件级与总体级的典型国内外应用情况进行综述，为后续 UBDO 应用研究提供参考。

1.3.2.1 飞行器部件级

目前，UBDO 方法在部分飞行器部组件设计方面取得一些应用，包括小卫星降轨机构设计、卫星结构框架设计、飞机机翼设计、燃气涡轮发动机寿命评估、卫星电源系统健康状态评估等，其中 Nikbay[117] 等将 UBDO 方法用于一个 3U 立方体卫星（CubeSat）降轨机构的优化设计，考虑膜结构维度、螺旋弹簧外径、大气密度等不确定性影响，通过 MCS 方法进行传播并集成到优化框架中的可靠性评估环节，从而获得关于气动阻力与降轨力矩的 RBDO 结果。Pellissetti[118] 等基于 MCS 与近似模型方法分析了卫星结构框架的可靠性，对比了参数化模型（FE model）与非参数化模型不确定性下的关键频响情况，对其中不确定性因素进行了量化。Manan[119] 等考虑随机不确定性条件下的复合材料机翼气动弹性裁剪问题，通过优化复合材料铺层角来减小颤振发生的概率，采用 PCE 方法来构建不确定性传播模型。Paiva[37] 等提出了一个 RBRDO 框架来同时优化飞机机翼设计的可靠性与稳健性，基于 Kriging 近似模型简化了运算复杂度，针对 RDO 统计模态计算与 RBDO 可靠性分析，分别研究了一种 Sigma 点方法（Sigma Point，SP）与一种基于观测性能的方法 PMA，其优化效果对比如图 1-6 所示。Zaidan[120] 等建立了用于极限情况分析的贝叶斯层次模型（Bayesian Hierarchical Model，BHM）实现了燃气涡轮发动机使用寿命的有效预测。Fang[121] 等对卫星电源系统（Electric Power System，EPS）健康状态进行分析，对不确定性因素进行建模，研究了基于统计分析、贝叶斯网络与支持向量机 SVM 的健康状态评估方法，以提高星上 EPS 运营效能与自动化水平。UBDO 方法在部分飞行器部组件设计方面取得一些应用，但未形成统一软件平台，应用范围有限。本书将以星箭分离机构可靠性评估与优化设计为例，进一步拓展 UBDO 方法在飞行器关键部组件上的应用研究。

1.3.2.2 飞行器总体级

目前，UBDO 方法在飞行器总体级方面的应用较少，还处于初步探索阶段，绝大部分应用以确定性设计优化为主，其中 Brevault[122] 等于 2013 年发表的文章给出了 UBDO 方法用于空间运输系统总体设计的机遇与挑战，梳理了相应的不确定性建模、不确定性传播与优化问题求解等关键技术，并给出

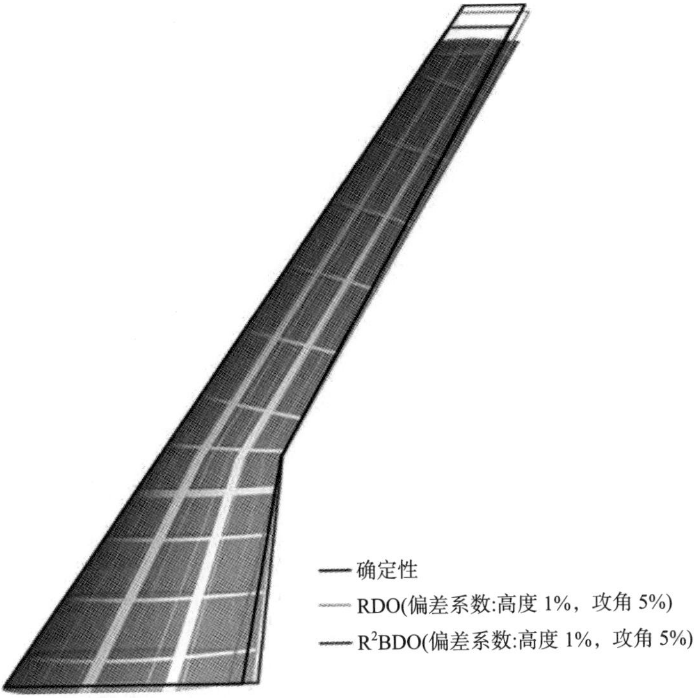

图 1－6　机翼 UBDO 与确定性优化效果对比示意图[37]

了运载火箭总体不确定性多学科设计的示意图，如图 1－7 所示。Yao[97,123]等基于优化目标加权和的方式、PMDF－CSSO 以及 MUMDF－CSSO 方法探讨了混合不确定性条件下的某小卫星概念设计。Hwang[124,125]等利用飞行器高保真多学科设计优化（HFMDO）[126]的思想，对某小卫星 CADRE 的总体设计模型进行了多学科分析与优化。Jafarsalehi[127]等基于协同优化过程对多学科进行解耦，利用遗传算法与序列二次规划（SQP）方法，初步实现了某低轨遥感小卫星的多学科设计。吴蓓蓓[128]等使用解析目标分流策略对海洋卫星总体进行多学科优化，但未考虑不确定性对设计性能与系统可靠性的影响。韩国航空航天大学（Korea Aerospace University）针对 10～200 kg 级小卫星总体概念设计，研究了系统工程设计工具（System Engineering Design Tool，SEDT）[129]，以期达到现代小卫星快速研制的要求。美国普林斯顿研究所开发了航天器系统设计和仿真环境（Spacecraft System Design & Simulation Environment，SSDSE）[130]，用于小卫星总体方案确定性设计优化。美国喷气推进实验室开发了航天器多学科辅助设计系统（Multidiseiplina Integrated

Design Assistant for Spacecraft，MIDAS)，实现了系统的多学科集成，并成功应用于火星探测器优化中。综合上述文献发现，目前大部分研究都将飞行器总体设计问题作为确定性优化问题进行处理，且不确定性多目标优化应用研究较少，不能很好地满足高可靠性与稳健性设计的要求，UBDO方法的应用研究仍处于起步阶段。针对提高飞行器总体设计质量的现实需求与应用价值，UBDO在飞行器总体设计中的应用亟需深入研究。

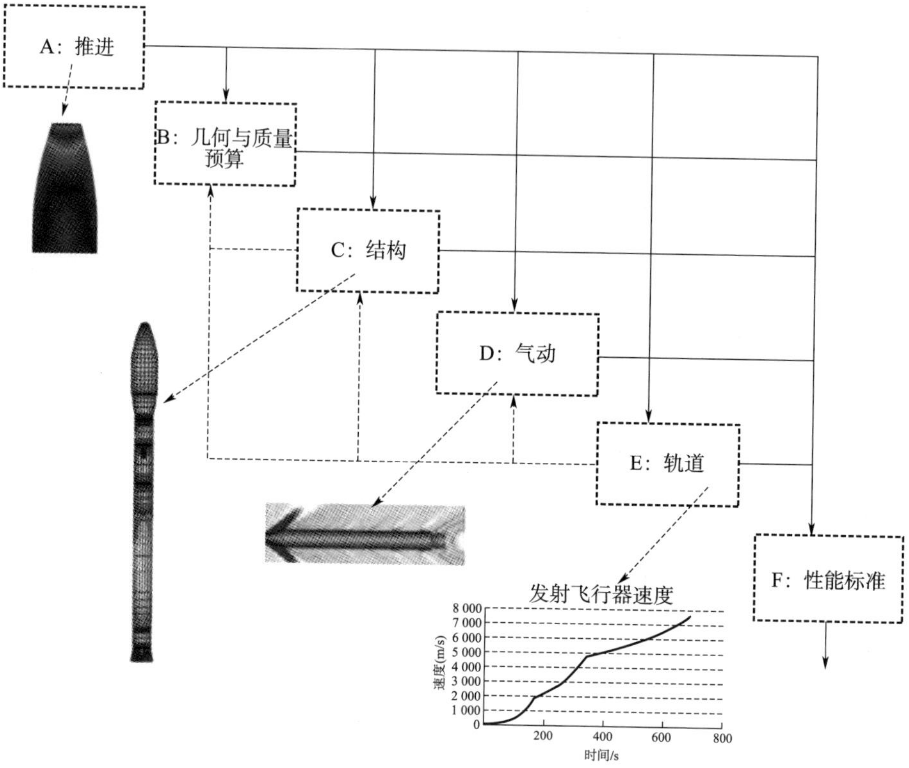

图1-7　运载火箭总体不确定性多学科设计示意图[122]

本书重点考虑航天应用需求及其涉及的不确定性影响，以星箭分离机构设计、对地观测卫星总体设计、月球探测纳星总体设计等问题为例，研究适用于飞行器关键部组件与系统总体的UBDO方法，为UBDO理论的成功应用奠定基础。

1.4　本书主要研究内容

基于以上研究背景和技术进展状况的分析，从解决当前飞行器 UBDO 研究存在的困难出发，本书研究工作围绕 UBDO 理论与应用展开，共分为 8 章，各章组织结构关系如图 1－8 所示。第 1 章是全书的基础。第 2 章至第 4 章为 UBDO 理论研究部分，主要围绕 UBDO 面临的不确定性降维、不确定性传播分析、不确定性优化等关键科学问题进行深入研究。第 5 章至第 7 章为 UBDO 应用研究部分，基于前面章节形成的 UBDO 方法，对星箭分离机构设计、对地观测卫星总体设计、月球探测纳星总体设计等飞行器部件级与总体级不同层次的应用展开研究。第 8 章是对全书内容的总结和对下一步研究的介绍。各章主要研究内容如下：

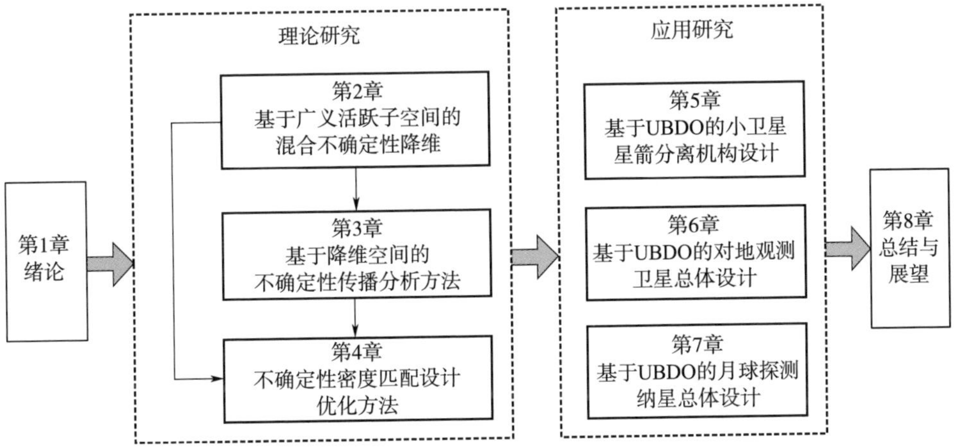

图 1－8　本书组织结构图

第 1 章，绪论。对 UBDO 内涵、技术难点与基本概念进行了介绍，对相关 UBDO 理论和应用研究进展分别进行了综述。针对当前研究的不足，确立了以“降维量化、传播分析、匹配优化”为核心的 UBDO 理论研究主线，提出了本书思路和主要内容。

第 2 章，对基于广义活跃子空间的混合不确定性降维方法进行了研究。首先，介绍面向随机不确定性的活跃子空间降维基础，包括子空间识别、子空间校验与降维误差估计。再次，针对目前广泛存在的考虑认知不确定性的混合变量降维问题，提出了广义活跃子空间（Generalized Active Subspaces，GAS）降维的概念与方法，基于区间分析推导了 GAS 的基本形式，并探讨了区间特征值与相应特征向量的特性。针对 GAS 难以精确求解的问题，提出了区间特征值分析、经验分布函数与泰勒展开三种近似实现方法，分别给出了它们的 GAS 估计推导与表述。最后，通过测试算例验证了上述 GAS 降维方法的适用性。

第 3 章，对基于降维空间的不确定性传播分析方法进行研究。首先，面向日益增多的混合不确性分析需求，讨论了基于区间活跃变量的混合不确定性 GAS 传播分析法，系统目标函数、极限状态函数或其他响应函数均可适用，并给出了基于分布函数梯度的不确定性分析方法。其次，研究降维空间自适应响应面的构建技术，为避免区间扩张问题，提高边界拟合精度，给出了基于活跃变量的区间响应面模型及加权构造方法，以支撑高效的正向与逆向不确定性分析。针对多维极限情况分析难题，提出了改进的降维贝叶斯推理方法，推导了基于后验分布表示的相应输入参数分布引起的输出响应，以解决该“逆问题”的求解困难。最后，采用 NASA 减速器测试算例与极限情况分析算例验证了上述方法的有效性。

第 4 章，对不确定性密度匹配设计优化方法进行了研究。针对传统不确定性优化存在的问题，首先，基于密度匹配优化思想，研究了基于目标分布信息的密度匹配设计优化方法，推导了基于目标低阶矩信息、累积分布函数的两种密度匹配优化表达式，以拓展密度匹配设计优化的适用范围。其次，探讨了密度匹配优化问题降维求解的一般策略，从而保证复杂密度匹配设计优化问题的求解效率和精度，同时针对多约束与多目标优化情况，给出了一种基于约束强度的动态罚函数及其不确定性多目标求解算法，以实现这类问题的有效求解。最后，采用响应函数优化问题与 NASA 减速器优化问题验证了上述方法的有效性。

第 5 章，对基于 UBDO 的星箭分离机构可靠性设计进行研究。分析了小卫星星箭分离不确定性量化的必要性，建立了小卫星星箭分离机构的动力学模型与运动方程，综合考虑压簧装置、引力摄动以及星体偏心等因素影响，以提高小卫星分离运动参数预测精度。结合工程实际，重点探讨结构与力学不确定性因素的影响规律，应用本书 UBDO 方法，对影响星箭分离过程的各不确定性因素进行了描述、降维与传播分析。鉴于星箭分离可靠性与安全性评估的重要性，基于最大似然性估计方法对完整的目标分布函数进行拟合，来评估不同控制能力卫星分离过程的故障率与可靠性，结合地面模拟分离试验进行了验证。为了开展面向最小质量的星箭分离机构的优化设计研究，建立了分离装置质量优化模型，分别开展确定性设计优化与 UBDO 优化，并与经验设计值进行比较，从而体现出本书 UBDO 方法的应用效果。

第 6 章，对基于 UBDO 的对地观测卫星总体设计进行研究。分析了对地观测卫星总体可靠性稳健设计的应用需求，对该类卫星任务进行功能分析与初步设计。建立了对地观测卫星概念设计阶段的总体设计学科模型，对学科间耦合关系进行了梳理，并确定了优化变量和约束条件。描述了对地观测卫星总体设计涉及的不确定性因素，基于本书 UBDO 方法，对这类涉及多个学科、多维变量的复杂系统进行了有效降维。考虑对地观测卫星不同设计需求，从单目标与多目标两个层面开展不确定性优化：首先，面向最小卫星质量的随机不确定性密度匹配优化，探讨了不同预期目标分布对优化结果的影响，通过比较匹配距离的大小可以判断优化结果的优劣；其次，考虑到高精度、高稳定度对地观测的重要性，开展了包含卫星质量、成本和观测精度的不确定性多目标优化，并对优化结果进行后处理分析，从而为设计者提供更好的 Pareto 最优设计方案；最后，进一步考虑混合不确定性影响下的卫星总体设计问题，基于本书 UBDO 方法进行了有效求解，获得了满足可信性约束的最优方案。

第 7 章，对基于 UBDO 的月球探测纳星总体设计进行研究。分析了当前微型航天器开展低成本深空探测的现实需求及总体设计问题，以月球探测纳星为例，对该类卫星任务进行功能分析与初步设计。建立了月球探测纳星概念设计阶段的总体设计学科模型，结合月球探测任务的特殊性，重点探讨了轨道模型、有效载荷、推进分系统、数管分系统以及成本模型，并对学科间耦合关系进行了分析。对月球探测纳星总体设计涉及的主要不确定性因素进行描述，基于本书 UBDO 方法，对这类涉及多学科问题进行了有效降维与传播分析。鉴于月球探测纳星总体设计属复杂的不确定性多目标优化问题，以单位信息量成本和卫星质量为优化目标，其他可靠性与载荷精度等目标作为约束条件，构建了集成本书 UBDO 理论研究成果的 iSIGHT 优化设计平台，分别对月球探测纳星总体随机与混合不确定性设计问题进行了求解，并对优化结果进行讨论，验证了本书 UBDO 方法的有效性。

第 8 章，总结与展望。对主要研究成果和创新点进行总结，提出下一步研究的建议。

第 2 章　广义活跃子空间混合不确定性降维理论

UQ 在仿真校验理论[131]中扮演重要角色，旨在刻画系统中存在不确定影响和知识缺乏时所关心的可信输出量大小。作为离散数学、概率、优化和物理等的交叉科学，不确定性量化以广泛应用于工程领域而迅猛发展。随着越来越多的不确定性在实际工程问题中考虑，目前不确定性量化问题遇到“维数灾难”（Curse of Dimension）[132]，加上广泛存在的认知不确定性影响，不确定性分析效率低，高维空间传播模型构造困难，因而急需研究适合混合不确定性量化的降维方法。

本章立足活跃子空间思想，对多维混合不确定性的降维量化方法展开研究。首先，介绍面向随机不确定性的活跃子空间降维基础。再次，针对广泛存在的认知不确定性，提出了 GAS 降维的概念与方法，基于区间分析推导了 GAS 的基本形式，并探讨了区间特征值与相应特征向量的特性。针对 GAS 难以精确求解的问题，提出了三种近似实现方法，分别给出了它们的 GAS 估计推导与表述。最后，通过一个三维响应函数测试算例验证了上述 GAS 降维方法的有效性。

2.1　活跃子空间降维基础

对于复杂系统的 UQ 问题，一般涉及多个变量、多个学科，这些问题维度往往较高，需要更多的仿真样本求解，加上每次系统仿真计算的时间较长，现有高置信度的不确定性量化方法面临着很大的挑战。假设一个问题受 10 维不确定性的影响，每一维输入按 10 次仿真量化，则需要 10^{10} 次仿真才能构建准确的响应面，如果每一次仿真单核耗时 1 s，即使具备 10 核计算机，仍需 32 年才能完成整个计算，这是普遍存在的求解维度瓶颈问题。

本书的解决思路是识别、利用存在的特殊降维结构，将高维问题转化在某低维空间处理。2013 年，Constantine[133] 在数学上给出了一种特殊降维结构——活跃子空间（Active Subspaces，AS），它是由输入空间敏感方向定义的一种低维作用子空间，沿这些敏感方向的输入扰动对输出产生最大程度的影响。通过识别与利用活跃子空间，可以在保证分析精度的情况下，加速 UQ 过程，这对高维问题尤为有效。

2.1.1　活跃子空间识别

与 PCA 不同，活跃子空间基于梯度的偏协方差（即特征向量）构建低维作用子空间，来近似多维输入变量的系统响应 f 。PCA 关心的是特征值大小对协方差的影响，而 AS 主要利用特征向量识别引起系统响应均值改变较大的特征方向，进而形成新的作用子空间。若 $\boldsymbol{x}=(\boldsymbol{d},\ \boldsymbol{p})^{\mathrm{T}}\in\boldsymbol{R}^{n}$ 是所有不确定性的向量，其每一个分量即为一个维度，则系统响应 f 对应的平均梯度函数，用对称和半正定的矩阵 $\boldsymbol{C}$ 表示如下

$$\boldsymbol{C}=\int(\nabla_{x}f)(\nabla_{x}f)^{\mathrm{T}}\rho\,\mathrm{d}\boldsymbol{x}=\boldsymbol{W\Lambda W}^{\mathrm{T}} \tag{2-1}$$

其中，$\boldsymbol{W}$ 为正交矩阵，其分量属标准化的特征向量，特征值矩阵 $\boldsymbol{\Lambda}=\mathrm{diag}(\lambda_1,\ \cdots,\ \lambda_n)$，$\lambda_1\geqslant\cdots\geqslant\lambda_n\geqslant0$，$\rho=\rho(\boldsymbol{x})$ 表示权重函数，积分为 1，对于随机不确定性为概率密度函数。$\boldsymbol{C}$ 的半正定性满足

$$\boldsymbol{v}^{\mathrm{T}}\boldsymbol{C}\boldsymbol{v}=\int(\boldsymbol{v}^{\mathrm{T}}(\nabla_{x}f))^{2}\rho\,\mathrm{d}\boldsymbol{x}\geqslant0,\boldsymbol{v}\in\boldsymbol{R}^{n} \tag{2-2}$$

$\boldsymbol{C}$ 的每个元素是 f 偏导数乘积的均值，表示如下

$$C_{ij}=\int\left(\frac{\partial f}{\partial x_i}\right)\left(\frac{\partial f}{\partial x_j}\right)\rho\,\mathrm{d}\boldsymbol{x},i,j=1,\cdots,n \tag{2-3}$$

其中，C_{ij} 为 $\boldsymbol{C}$ 的第（i，j）个元素，这个 $\boldsymbol{C}$ 的对角线元素是 f 的均方偏导数，可以作为灵敏度信息的度量。对于矩阵 $\boldsymbol{W}$ 的分量 $\boldsymbol{w}_i(i=1,\ \cdots,\ n)$，满足

$$\lambda_i=\boldsymbol{w}_i^{\mathrm{T}}\boldsymbol{C}\boldsymbol{w}_i=\boldsymbol{w}_i^{\mathrm{T}}\left(\int(\nabla_{x}f)(\nabla_{x}f)^{\mathrm{T}}\rho\,\mathrm{d}\boldsymbol{x}\right)\boldsymbol{w}_i=\int((\nabla_{x}f)^{\mathrm{T}}\boldsymbol{w}_i)^{2}\rho\,\mathrm{d}\boldsymbol{x} \tag{2-4}$$

上式体现出系统响应 f 的特性。如果最小特征值 λ_n 为零，则 f 沿特征向量 $\boldsymbol{w}_n$ 的梯度均方变化是零，也就是说 $(\nabla_{x}f)^{\mathrm{T}}\boldsymbol{w}_n$ 的值为零，即 f 在 $\boldsymbol{w}_n$ 方向为常值，不受其影响，这为有效降维提供了理论支撑。实际上，$\boldsymbol{W}$ 定义了 $\boldsymbol{R}^{n}$ 空间的一个坐标变换，进而定义 f 的变化范围。根据特征值的降序，可以将这

个变换后的坐标分为影响较大与影响较小的两组，其相应特征值与特征向量表示为

$$\boldsymbol{\Lambda}=\begin{pmatrix}\boldsymbol{\Lambda}_1 & \\ & \boldsymbol{\Lambda}_2\end{pmatrix},\boldsymbol{W}=(\boldsymbol{W}_1 \quad \boldsymbol{W}_2) \tag{2-5}$$

其中，$\boldsymbol{\Lambda}_1=\mathrm{diag}(\lambda_1,\ \cdots,\ \lambda_r)$，$r\leqslant n$，$\boldsymbol{W}_1$ 是对应前 r 个较大特征值的特征向量。记 $\boldsymbol{y}=\boldsymbol{W}_1^{\mathrm{T}}\boldsymbol{x}\in\boldsymbol{R}^r$，$\boldsymbol{z}=\boldsymbol{W}_2^{\mathrm{T}}\boldsymbol{x}\in\boldsymbol{R}^{n-r}$，则

$$\boldsymbol{x}=\boldsymbol{W}\boldsymbol{W}^{\mathrm{T}}\boldsymbol{x}=\boldsymbol{W}_1\boldsymbol{W}_1^{\mathrm{T}}\boldsymbol{x}+\boldsymbol{W}_2\boldsymbol{W}_2^{\mathrm{T}}\boldsymbol{x}=\boldsymbol{W}_1\boldsymbol{y}+\boldsymbol{W}_2\boldsymbol{z} \tag{2-6}$$

因而

$$\nabla_y f(\boldsymbol{x})=\nabla_y f(\boldsymbol{W}_1\boldsymbol{y}+\boldsymbol{W}_2\boldsymbol{z})=\boldsymbol{W}_1^{\mathrm{T}}\nabla_x f(\boldsymbol{W}_1\boldsymbol{y}+\boldsymbol{W}_2\boldsymbol{z})=\boldsymbol{W}_1^{\mathrm{T}}\nabla_x f(\boldsymbol{x}) \tag{2-7}$$

进一步求解平均梯度内积，有

$$\begin{aligned}\int(\nabla_y f)^{\mathrm{T}}(\nabla_y f)\rho\,\mathrm{d}\boldsymbol{x}&=\int\mathrm{trace}((\nabla_y f)(\nabla_y f)^{\mathrm{T}})\rho\,\mathrm{d}\boldsymbol{x}\\&=\mathrm{trace}(\boldsymbol{W}_1^{\mathrm{T}}(\int((\nabla_x f)(\nabla_x f)^{\mathrm{T}})\rho\,\mathrm{d}\boldsymbol{x})\boldsymbol{W}_1)\\&=\mathrm{trace}(\boldsymbol{W}_1^{\mathrm{T}}\boldsymbol{C}\boldsymbol{W}_1)=\lambda_1+\lambda_2+\cdots+\lambda_r\end{aligned} \tag{2-8}$$

同样地，$\nabla_z f(\boldsymbol{x})=\boldsymbol{W}_2^{\mathrm{T}}\nabla_x f(\boldsymbol{x})$，$\int(\nabla_z f)^{\mathrm{T}}(\nabla_z f)\rho\,\mathrm{d}\boldsymbol{x}=\lambda_{r+1}+\cdots+\lambda_n$。

活跃子空间定义为特征向量 $\boldsymbol{W}_1$ 所表示的降维空间，而非活跃子空间为余下特征向量 $\boldsymbol{W}_2$。称 $\boldsymbol{y}$ 为活跃变量，$\boldsymbol{z}$ 为非活跃变量[134]。相比非活跃变量，活跃变量的变化对系统响应 f 产生更显著的影响，具体影响大小可通过相应矩阵 $\boldsymbol{C}$ 的特征值来量化，$\boldsymbol{W}_1$ 还可以反映原输入变量对输出的灵敏度信息，而 z 的影响在很多实际问题中可以忽略。

如 $f(\boldsymbol{x})=b(\boldsymbol{A}^{\mathrm{T}}\boldsymbol{x})$，其中 $\boldsymbol{A}$ 是 n 行 r 列的满秩矩阵，$b(\boldsymbol{A}^{\mathrm{T}}\boldsymbol{x})$：$\boldsymbol{R}^r\rightarrow\boldsymbol{R}$，则

$$\nabla_x f(\boldsymbol{x})=\boldsymbol{A}\nabla b(\boldsymbol{A}^{\mathrm{T}}\boldsymbol{x}) \tag{2-9}$$

$\nabla\ell$ 是相对于活跃变量的偏导数，则式（2-1）变为

$$\boldsymbol{C}=\boldsymbol{A}\left(\int\nabla b(\boldsymbol{A}^{\mathrm{T}}\boldsymbol{x})(\nabla b(\boldsymbol{A}^{\mathrm{T}}\boldsymbol{x}))^{\mathrm{T}}\rho\,\mathrm{d}\boldsymbol{x}\right)\boldsymbol{A}^{\mathrm{T}} \tag{2-10}$$

这里 $\lambda_{r+1}=\cdots=\lambda_n=0$，$\boldsymbol{C}$ 的秩为 r，$\mathrm{ran}(\boldsymbol{W}_1)=\mathrm{ran}(\boldsymbol{A})$，特别地，当 $r=1$ 时，识别的活跃子空间是一维的。

针对不同系统响应，$\boldsymbol{C}$ 的特征值与特征向量是不同的。少数情况下，可以通过系统响应 f 直接分解出相应的特征值与特征向量，大多数问题需通过数值计算获得。根据已知的 M 个随机样本，获得相应的梯度值，式（2-1）可以转化为

$$\boldsymbol{C} \approx \hat{\boldsymbol{C}} = \frac{1}{M}\sum_{j=1}^{M}(\nabla_x f_j)(\nabla_x f_j)^{\mathrm{T}} = \hat{\boldsymbol{W}}\hat{\boldsymbol{\Lambda}}\hat{\boldsymbol{W}}^{\mathrm{T}} \tag{2-11}$$

其中，特征向量矩阵 $\hat{\boldsymbol{W}}$ 决定了对应系统响应的活跃子空间，特征值按降序排列 $\hat{\boldsymbol{\Lambda}} = \mathrm{diag}(\hat{\lambda}_1, \cdots, \hat{\lambda}_n)$。如果梯度项 $\nabla_x f_j = \nabla_x f(\boldsymbol{x}_j)$ 可得，可直接进行特征值分解；如果上述梯度项不可得，则可以利用有限差分方法求解。

一般求得 $\boldsymbol{C}$ 的特征值取对数坐标表示，然后对比各特征值的间隔，子空间估计误差与降序排列后相邻特征值间隔的大小成反比，与经典扰动理论[135]计算特征向量是一致的。比如，第二个与第三个特征值的间隔要大于第三个与第四个特征值的间隔，则二维子空间估计精度就优于三维子空间估计精度，这与正交分解、主成分分析等传统降维方法[40-42]基于特征值大小判定的思想是不同的。

2.1.2　活跃子空间校验

由于活跃子空间与特征值估计精度取决于仿真计算样本，但计算资源对于复杂仿真设计过程是有限的，用以检验子空间系数收敛性是行不通的。一种可行的方法是基于非参数的 Bootstrap 技术来评估特征值与子空间估计结果。比如，Efron 和 Tibshirani 在书中[136]基于 Bootstrap 方法评估了所得特征值与特征向量系数。Bootstrap 方法理论上属有偏估计，但随着样本数量的增多，可能存在的偏差减小，估计精度会大大提高。

设 M_{boo} 为 Bootstrap 重采样的次数，一般大于 1 000，从 $[1, M]$ 中选取整数 k，计算 Bootstrap 重采样的矩阵 $\hat{\boldsymbol{C}}_i^*$，相应有

$$\hat{\boldsymbol{C}}_i^* = \frac{1}{M}\sum_{j=1}^{M}(\nabla_x f_k)(\nabla_x f_k)^{\mathrm{T}} = \hat{\boldsymbol{W}}_i^*\hat{\boldsymbol{\Lambda}}_i^*(\hat{\boldsymbol{W}}_i^*)^{\mathrm{T}}, i = 1, \cdots, M_{\mathrm{boo}} \tag{2-12}$$

由此，对于一个维度为 r 的活跃子空间，其估计误差用空间距离[135]度量为

$$\begin{aligned} e_i^* &= \mathrm{dist}(\hat{\boldsymbol{W}}_1, \hat{\boldsymbol{W}}_{i,1}^*) \\ &= \| \hat{\boldsymbol{W}}_1\hat{\boldsymbol{W}}_1^{\mathrm{T}} - \hat{\boldsymbol{W}}_{i,1}^*\hat{\boldsymbol{W}}_{i,1}^{*\,\mathrm{T}} \| = \| \hat{\boldsymbol{W}}_1^{\mathrm{T}}\hat{\boldsymbol{W}}_{i,2}^* \| \end{aligned} \tag{2-13}$$

其中，$\hat{\boldsymbol{W}}_{i,1}^{*}$ 包含了 $\hat{\boldsymbol{W}}_{i}^{*}$ 前 r 个分量，而每一个分量是 $n \times 1$ 系数向量，相当于是活跃子空间的控制系数，亦可用 Bootstrap 结果的概率分布衡量其置信度。

Bootstrap 校验基本过程如图 2-1 所示，首先根据高精度仿真程序进行实验设计，获得 M 个基础样本，估计活跃子空间，再利用 Bootstrap 技术开展重采样分析，分别可以校验估计的特征值、子空间误差以及子空间系数。此外，还可以结合 MCS[137] 方法验证基于活跃子空间的不确定性降维传播结果。

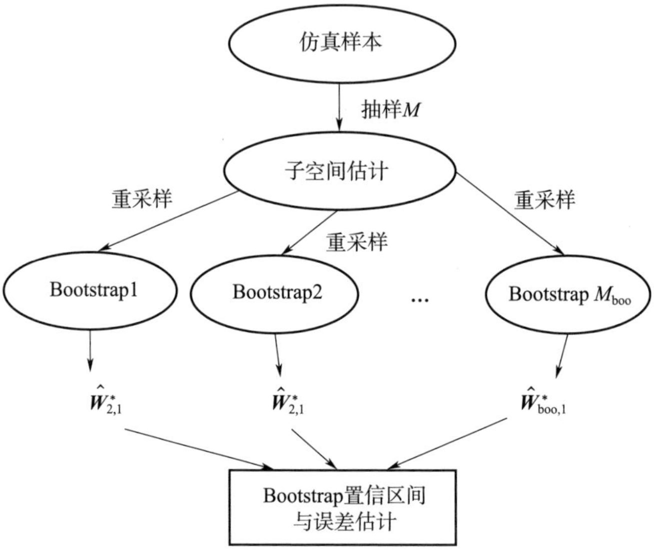

图 2-1　Bootstrap 校验过程示意图

2.1.3　子空间降维误差

活跃子空间降维给不确定性传播分析与优化带来的好处是巨大的，但由降维带来的误差是不得不考虑的。对子空间降维误差进行深入分析，对于评价不确定性降维方法的好坏至关重要。

2.1.3.1　真实子空间情况

基于活跃子空间降维，$\boldsymbol{y} = \boldsymbol{W}_1^{\mathrm{T}} \boldsymbol{x}$ 相当于 $\boldsymbol{x}$ 的映射，在 $r < n$ 活跃坐标上建立系统响应 f 的近似函数 $g(\boldsymbol{W}_1^{\mathrm{T}} \boldsymbol{x})$ 。

$$f(\boldsymbol{x}) \approx g(\boldsymbol{W}_1^{\mathrm{T}} \boldsymbol{x}) \tag{2-14}$$

直接分析式（2-14）的误差大小是比较困难的，这里引入 Poincaré 不等式[138]与边缘密度。

引理 1[138]：对 ρ，$R^n \to R$，有界 $\rho(\boldsymbol{x}) \leqslant \boldsymbol{R}_+$ 对于所有 $\boldsymbol{x} \in \boldsymbol{R}^n$ 成立，有

$$\int (b(\boldsymbol{x}))\, \rho \mathrm{d}\boldsymbol{x} \leqslant RC \int (\nabla_x b(\boldsymbol{x}))^{\mathrm{T}} (\nabla_x b(\boldsymbol{x})) \rho \mathrm{d}\boldsymbol{x} \tag{2-15}$$

其中，$b(\boldsymbol{x})$ 是 Lipschitz 函数，C 是凸空间的 Poincaré 常数，可以通过 $\boldsymbol{x}$ 所属空间半径估算这个系数 C 的大小。对于超立方的 $[-1,\ 1]^n$ 且 $\rho = 2^{-n}$，则引理 1 可以被 $2\sqrt{n}/\pi$ 限定。

引理 2[138]：若 $\rho(\boldsymbol{x})$ 是标准高斯分布，$\boldsymbol{x} \in \boldsymbol{R}^n$，有

$$\int (b(\boldsymbol{x}))\, \rho \mathrm{d}\boldsymbol{x} \leqslant \int (\nabla_x b(\boldsymbol{x}))^{\mathrm{T}} (\nabla_x b(\boldsymbol{x})) \rho \mathrm{d}\boldsymbol{x} \tag{2-16}$$

其中，$b(\boldsymbol{x})$ 的含义同引理 1，此时 Poincaré 系数为 1。

另外，式（2-15）与式（2-16）中的 $\rho(\boldsymbol{x})$ 需要在活跃子空间与非活跃子空间中进行量化，才能获得要求的均方根误差。对于活跃坐标 $\boldsymbol{y}$ 与非活跃坐标 $\boldsymbol{z}$ 的联合密度函数有

$$\pi(\boldsymbol{y}, \boldsymbol{z}) = \rho(\boldsymbol{W}_1 \boldsymbol{y} + \boldsymbol{W}_2 \boldsymbol{z}) \tag{2-17}$$

相应边缘密度

$$\pi_y(\boldsymbol{y}) = \int \pi(\boldsymbol{y}, \boldsymbol{z}) \mathrm{d}\boldsymbol{z},\ \pi_z(\boldsymbol{z}) = \int \pi(\boldsymbol{y}, \boldsymbol{z}) \mathrm{d}\boldsymbol{y} \tag{2-18}$$

条件密度

$$\pi_{y|z}(\boldsymbol{y} \mid \boldsymbol{z}) = \frac{\pi(\boldsymbol{y}, \boldsymbol{z})}{\pi_z(\boldsymbol{z})},\ \pi_{z|y}(\boldsymbol{z} \mid \boldsymbol{y}) = \frac{\pi(\boldsymbol{y}, \boldsymbol{z})}{\pi_y(\boldsymbol{y})} \tag{2-19}$$

$$g(\boldsymbol{y}) = \int f(\boldsymbol{W}_1 \boldsymbol{y} + \boldsymbol{W}_2 \boldsymbol{z})\ \pi_{z|y}(\boldsymbol{z}) \mathrm{d}\boldsymbol{z} \tag{2-20}$$

由于

$$\int (f(\boldsymbol{W}_1 \boldsymbol{y} + \boldsymbol{W}_2 \boldsymbol{z}) - g(\boldsymbol{y}))\ \pi_{z|y}(\boldsymbol{z}) \mathrm{d}\boldsymbol{z} = 0 \tag{2-21}$$

对于系统响应近似带来的误差分析，则可推出

$$
\begin{aligned}
&\int (f(\boldsymbol{x})-g(\boldsymbol{y}))^2\rho\,\mathrm{d}\boldsymbol{x}\\
&=\int\left(\int (f(\boldsymbol{W}_1\boldsymbol{y}+\boldsymbol{W}_2\boldsymbol{z})-g(\boldsymbol{y}))^2\pi_{z|y}\,\mathrm{d}\boldsymbol{z}\right)\pi_y\,\mathrm{d}\boldsymbol{y}\\
&\leqslant c_1^2\int\left(\left(\nabla_z f(\boldsymbol{W}_1\boldsymbol{y}+\boldsymbol{W}_2\boldsymbol{z})\right)^{\mathrm{T}}\left(\nabla_z f(\boldsymbol{W}_1\boldsymbol{y}+\boldsymbol{W}_2\boldsymbol{z})\right)\pi_{z|y}\,\mathrm{d}\boldsymbol{z}\right)\pi_y\,\mathrm{d}\boldsymbol{y}\\
&=c_1^2\int (\nabla_z f(\boldsymbol{x}))^{\mathrm{T}}(\nabla_z f(\boldsymbol{x}))\rho\,\mathrm{d}\boldsymbol{x}\\
&=c_1^2(\lambda_{m+1}+\cdots+\lambda_n)
\end{aligned}
\tag{2-22}
$$

即

$$
\left(\int (f(\boldsymbol{x})-g(\boldsymbol{y}))^2\rho\,\mathrm{d}\boldsymbol{x}\right)^{1/2}\leqslant c_1(\lambda_{m+1}+\cdots+\lambda_n)^{1/2} \tag{2-23}
$$

其中，系数 c_1 的大小取决于 $\boldsymbol{x}$ 所在空间与权重函数 $\rho(\boldsymbol{x})$。可以得出，如果特征值 λ_{r+1}，…，λ_n 之和越小，则非活跃坐标 $\boldsymbol{z}$ 对 f 的影响越小，基于活跃坐标 $\boldsymbol{y}$ 的降维量化精度越高。

2.1.3.2 估计子空间情况

在实际应用中，$\hat{\boldsymbol{W}}$ 定义的活跃子空间与真实情况可能存在一定的偏差。本节将探讨估计的 $\hat{\boldsymbol{W}}$ 对系统响应 f 近似的影响。

假定真实活跃子空间与近似活跃子空间之间的误差为

$$
\operatorname{dist}(\boldsymbol{W}_1,\hat{\boldsymbol{W}}_1)\leqslant e \tag{2-24}
$$

这里 $\operatorname{dist}(\boldsymbol{W}_1,\hat{\boldsymbol{W}}_1)$ 定义同式（2-13），有 $\|\boldsymbol{W}_1^{\mathrm{T}}\hat{\boldsymbol{W}}_2\|\leqslant e$ 和 $\|\boldsymbol{W}_2^{\mathrm{T}}\hat{\boldsymbol{W}}_2\|\leqslant 1$。

同样，引入 Poincaré 不等式与边缘密度。此时联合密度、边缘密度、条件密度分别为

$$
\hat{\pi}(\hat{\boldsymbol{y}},\hat{\boldsymbol{z}})=\rho(\hat{\boldsymbol{W}}_1\hat{\boldsymbol{y}}+\hat{\boldsymbol{W}}_2\hat{\boldsymbol{z}}) \tag{2-25}
$$

$$
\hat{\pi}_{\hat{y}}(\hat{\boldsymbol{y}})=\int\hat{\pi}(\hat{\boldsymbol{y}},\hat{\boldsymbol{z}})\mathrm{d}\hat{\boldsymbol{z}}\ ,\hat{\pi}_{\hat{z}}(\hat{\boldsymbol{z}})=\int\hat{\pi}(\hat{\boldsymbol{y}},\hat{\boldsymbol{z}})\mathrm{d}\hat{\boldsymbol{y}} \tag{2-26}
$$

$$
\hat{\pi}_{\hat{y}|\hat{z}}(\hat{\boldsymbol{y}}\mid\hat{\boldsymbol{z}})=\frac{\hat{\pi}(\hat{\boldsymbol{y}},\hat{\boldsymbol{z}})}{\hat{\pi}_{\hat{z}}(\hat{\boldsymbol{z}})},\hat{\pi}_{\hat{z}|\hat{y}}(\hat{\boldsymbol{z}}\mid\hat{\boldsymbol{y}})=\frac{\hat{\pi}(\hat{\boldsymbol{y}},\hat{\boldsymbol{z}})}{\hat{\pi}_{\hat{y}}(\hat{\boldsymbol{y}})} \tag{2-27}
$$

根据引理 1、引理 2 与式（2-22），有

$$
\int (f(\boldsymbol{x})-g(\hat{\boldsymbol{y}}))^2\rho\,\mathrm{d}\boldsymbol{x}\leqslant c_1^2\int (\nabla_{\hat{z}}f(\boldsymbol{x}))^{\mathrm{T}}(\nabla_{\hat{z}}f(\boldsymbol{x}))\rho\,\mathrm{d}\boldsymbol{x} \tag{2-28}
$$

由于

$$\begin{aligned}\nabla_{\hat{z}} f^{\mathrm{T}} \nabla_{\hat{z}} f &= (\hat{\boldsymbol{W}}_2^{\mathrm{T}} \boldsymbol{W}_1 \nabla_y f + \hat{\boldsymbol{W}}_2^{\mathrm{T}} \boldsymbol{W}_2 \nabla_z f)^{\mathrm{T}} (\hat{\boldsymbol{W}}_2^{\mathrm{T}} \boldsymbol{W}_1 \nabla_y f + \hat{\boldsymbol{W}}_2^{\mathrm{T}} \boldsymbol{W}_2 \nabla_z f) \\ &= \nabla_y f^{\mathrm{T}} \boldsymbol{W}_1^{\mathrm{T}} \hat{\boldsymbol{W}}_2 \hat{\boldsymbol{W}}_2^{\mathrm{T}} \boldsymbol{W}_1 \nabla_y f + 2 \nabla_y f^{\mathrm{T}} \boldsymbol{W}_1^{\mathrm{T}} \hat{\boldsymbol{W}}_2 \hat{\boldsymbol{W}}_2^{\mathrm{T}} \boldsymbol{W}_2 \nabla_z f + \\ &\quad \nabla_z f^{\mathrm{T}} \boldsymbol{W}_2^{\mathrm{T}} \hat{\boldsymbol{W}}_2 \hat{\boldsymbol{W}}_2^{\mathrm{T}} \boldsymbol{W}_2 \nabla_z f \\ &\leqslant e^2 \nabla_y f^{\mathrm{T}} \nabla_y f + 2e \nabla_y f^{\mathrm{T}} \nabla_z f + \nabla_z f^{\mathrm{T}} \nabla_z f\end{aligned} \tag{2-29}$$

则有

$$\begin{aligned}&\int (\nabla_{\hat{z}} f(\boldsymbol{x}))^{\mathrm{T}} (\nabla_{\hat{z}} f(\boldsymbol{x})) \rho \mathrm{d}\boldsymbol{x} \\ \leqslant\ & e^2 \int (\nabla_y f(\boldsymbol{x}))^{\mathrm{T}} (\nabla_y f(\boldsymbol{x})) \rho \mathrm{d}\boldsymbol{x} + 2e \int (\nabla_y f(\boldsymbol{x}))^{\mathrm{T}} (\nabla_z f(\boldsymbol{x})) \rho \mathrm{d}\boldsymbol{x} + \\ & \int (\nabla_z f(\boldsymbol{x}))^{\mathrm{T}} (\nabla_z f(\boldsymbol{x})) \rho \mathrm{d}\boldsymbol{x} \\ \leqslant\ & \left[\left(\int (\nabla_z f(\boldsymbol{x}))^{\mathrm{T}} (\nabla_z f(\boldsymbol{x})) \rho \mathrm{d}\boldsymbol{x}\right)^{1/2} + e\left(\int (\nabla_y f(\boldsymbol{x}))^{\mathrm{T}} (\nabla_y f(\boldsymbol{x})) \rho \mathrm{d}\boldsymbol{x}\right)^{1/2}\right]^2 \\ \leqslant\ & [e(\lambda_1 + \cdots + \lambda_m)^{1/2} + (\lambda_{m+1} + \cdots + \lambda_n)^{1/2}]^2\end{aligned} \tag{2-30}$$

即

$$\left[\int (f(\boldsymbol{x}) - g(\hat{\boldsymbol{y}}))^2 \rho \mathrm{d}\boldsymbol{x}\right]^{1/2} \leqslant c_1 [e(\lambda_1 + \cdots + \lambda_m)^{1/2} + (\lambda_{m+1} + \cdots + \lambda_n)^{1/2}] \tag{2-31}$$

其中，系数 c_1 的大小取决于 $\boldsymbol{x}$ 的不确定性域与权重函数 $\rho(\boldsymbol{x})$，误差 e 可以通过 Bootstrap 校验法获得。

2.2　广义活跃子空间定义

活跃子空间降维理论已初步获得一些应用[153-155]，但现有方法仅适用于随机不确定性变量的降维，工程设计过程中广泛存在的认知不确定性，即分布形式未知的不确定性变量降维问题仍亟待研究。本书基于区间分析对混合不确定性下的 GAS 理论展开研究，以拓展活跃子空间降维的适用范围，解决随机-认知混合不确定性降维难题。

2.2.1 区间矩阵分析基础

本节先简要讨论区间分析的相关内容[156-160]。记 $I(\boldsymbol{R})$、$I(\boldsymbol{R}^n)$ 和 $I(\boldsymbol{R}^{n\times n})$ 分别表示全体实区间数、n 维实区间向量和 $n\times n$ 实区间矩阵的集合。

设 $X^I=[\underline{x},\ \overline{x}]=\{x\ |\ \underline{x}\leqslant x\leqslant\overline{x};\ \underline{x},\ \overline{x}\in R\}$，其中 $\boldsymbol{R}$ 表示全体实数，则有 $X^I\in I(\boldsymbol{R})$，X^I 亦可写为

$$X^I=[X^c-\Delta X,X^c+\Delta X] \tag{2-32}$$

其中 X^c 和 ΔX 分别为 X^I 的中间值与偏差值，即

$$X^c=\frac{\underline{x}+\overline{x}}{2},\Delta X=\frac{\underline{x}-\overline{x}}{2} \tag{2-33}$$

对于 X^I，$Y^I\in I(\boldsymbol{R})$，则四则运算满足

$$X^I+Y^I=[\underline{x},\overline{x}]+[\underline{y},\overline{y}]=[\underline{x}+\underline{y},\overline{x}+\overline{y}] \tag{2-34}$$

$$X^I-Y^I=[\underline{x},\overline{x}]-[\underline{y},\overline{y}]=[\underline{x}-\overline{y},\overline{x}-\underline{y}] \tag{2-35}$$

$$\begin{aligned}X^IY^I&=[\underline{x},\overline{x}]\ [\underline{y},\overline{y}]\\&=[\min(\underline{x}\cdot\underline{y},\underline{x}\cdot\overline{y},\overline{x}\cdot\underline{y},\overline{x}\cdot\overline{y}),\max(\underline{x}\cdot\underline{y},\underline{x}\cdot\overline{y},\overline{x}\cdot\underline{y},\overline{x}\cdot\overline{y})]\end{aligned} \tag{2-36}$$

特别地

$$(X^I)^2=\begin{cases}[0,\max(\underline{x}^2,\overline{x}^2)]\ (0\in[\underline{x},\overline{x}])\\ [\min(\underline{x}^2,\overline{x}^2),\max(\underline{x}^2,\overline{x}^2)]\ (0\notin[\underline{x},\overline{x}])\end{cases} \tag{2-37}$$

$$\frac{X^I}{Y^I}=\frac{[\underline{x},\overline{x}]}{[\underline{y},\overline{y}]}=[\underline{x},\overline{x}]\left[\frac{1}{\overline{y}},\frac{1}{\underline{y}}\right](0\notin[\underline{y},\overline{y}]) \tag{2-38}$$

定义 n 维实区间向量 $\boldsymbol{X}^I\in I(\boldsymbol{R}^n)$ 为

$$\boldsymbol{X}^I=(X_i^I)^{\mathrm{T}}=(X_1^I,X_2^I,\cdots,X_n^I)^{\mathrm{T}},i=1,\cdots,n \tag{2-39}$$

对应的中间值与偏差值为

$$\boldsymbol{X}^c=(X_1^c,X_2^c,\cdots,X_n^c)^{\mathrm{T}},i=1,\cdots,n \tag{2-40}$$

$$\Delta\boldsymbol{X}=(\Delta X_1,\Delta X_2,\cdots,\Delta X_n)^{\mathrm{T}},i=1,\cdots,n \tag{2-41}$$

类似地，$n\times n$ 实区间矩阵 $\boldsymbol{A}^I=[\underline{\boldsymbol{A}},\ \overline{\boldsymbol{A}}]\in I(\mathbf{R}^{n\times n})$ 可写为

$$\boldsymbol{A}^I=\boldsymbol{A}^c+\Delta\boldsymbol{A}^I \tag{2-42}$$

其中，$\Delta\boldsymbol{A}^I=[-\Delta\boldsymbol{A},\ \Delta\boldsymbol{A}]$ 为 $\boldsymbol{A}^I$ 的偏差区间矩阵，$\boldsymbol{A}^c$ 和 $\Delta\boldsymbol{A}$ 分别为 $\boldsymbol{A}^I$ 的中值矩阵与半径矩阵。

设 $\boldsymbol{A}^I=(A_{ij}^I)$，$\boldsymbol{B}^I=(B_{ij}^I)$ 为任意实区间矩阵，则区间矩阵四则运算满足

$$\boldsymbol{A}^I \pm \boldsymbol{B}^I=(A_{ij}^I \pm B_{ij}^I) \tag{2-43}$$

$$\boldsymbol{A}^I\boldsymbol{B}^I=\left(\sum_{v=1}^{n} A_{iv}^I B_{vj}^I\right) \tag{2-44}$$

2.2.2　广义活跃子空间提出

对于系统响应 $f=f(\boldsymbol{x}_a,\ \boldsymbol{x}_e)$，其中 $\boldsymbol{x}_a$ 包含 p 个随机不确定性，$\boldsymbol{x}_e$ 包含 q 个认知不确定性，$p+q=n$。基于概率模型来描述随机不确定性，基于区间模型 $\boldsymbol{x}_e \in [\boldsymbol{x}_e^{\mathrm{L}},\ \boldsymbol{x}_e^{\mathrm{U}}]$ 来描述认知不确定性。各不确定性变量的梯度值表示如下

$$\nabla_x f^I=\left(\frac{\partial f^I}{\partial x_1},\cdots,\frac{\partial f^I}{\partial x_p},\cdots,\frac{\partial f^I}{\partial x_n}\right)^{\mathrm{T}} \tag{2-45}$$

由于认知不确定性的存在，易知 $\nabla_x f^I \in I(\boldsymbol{R}^n)$ 是实区间向量，不妨设下限梯度为 $\underline{\boldsymbol{c}}$，上限梯度为 $\overline{\boldsymbol{c}}$，有

$$\underline{\boldsymbol{c}}_i=\min_{\boldsymbol{x}}\left\{\frac{\partial f}{\partial x_i},\boldsymbol{x}_a \sim \rho(\boldsymbol{x}_a),\boldsymbol{x}_e \in [\boldsymbol{x}_e^{\mathrm{L}},\boldsymbol{x}_e^{\mathrm{U}}]\right\} \tag{2-46}$$

$$\overline{c}_i=\max_{\boldsymbol{x}}\left\{\frac{\partial f}{\partial x_i},\boldsymbol{x}_a \sim \rho(\boldsymbol{x}_a),\boldsymbol{x}_e \in [\boldsymbol{x}_e^{\mathrm{L}},\boldsymbol{x}_e^{\mathrm{U}}]\right\} \tag{2-47}$$

其中，$\underline{\boldsymbol{c}}_i$ 与 $\overline{c}_i$ 给出了 $\nabla_x f^I$ 各不确定性分量梯度的最小值与最大值。若认知不确定性个数为零，则 $\nabla_x f^I$ 变为单独随机不确定性影响下的梯度向量 $\nabla_x f$。

混合不确定性下 f 的任意平均梯度矩阵 $\hat{\boldsymbol{C}}$ 可以扩展为平均梯度区间矩阵的形式，表示如下

$$\hat{\boldsymbol{C}}^I=\frac{1}{M}\sum_{k=1}^{M}(\nabla_x f_k^I)\cdot(\nabla_x f_k^I)^{\mathrm{T}},k=1,\cdots,M \tag{2-48}$$

其中，$\hat{\boldsymbol{C}}^I \in I(\boldsymbol{R}^{n\times n})$ 为 $n\times n$ 的实对称区间矩阵。M 为 $\boldsymbol{x}_a$ 的抽样数，X_e 按区间变化，对应的 $\nabla_x f_k^I \in I(\boldsymbol{R}^n)$。根据区间运算法则，$\hat{\boldsymbol{C}}^I$ 的各元素区间数如下

$$\hat{C}_{ij}^I=\frac{1}{M}\sum_{k=1}^{M}\left(\frac{\partial f_k^I}{\partial x_i}\right)\cdot\left(\frac{\partial f_k^I}{\partial x_j}\right)=\left[\frac{1}{M}\sum_{k=1}^{M}\underline{c}_{ij}^k,\frac{1}{M}\sum_{k=1}^{M}\overline{c}_{ij}^k\right]=[\underline{\hat{C}}_{ij},\overline{\hat{C}}_{ij}],i,j=1,\cdots,n \tag{2-49}$$

其中，$[\underline{c}_{ij}^k,\ \overline{c}_{ij}^k]=[\underline{c}_i^k,\ \overline{c}_i^k]\times[\underline{c}_j^k,\ \overline{c}_j^k]$，可根据式（2-34）～式（2-37）求解。边界矩阵 $\underline{\hat{\boldsymbol{C}}}=(\underline{\hat{C}}_{ij})$ 和 $\overline{\hat{\boldsymbol{C}}}=(\overline{\hat{C}}_{ij})$ 均为实对称矩阵。

定义 $\hat{\boldsymbol{C}}^I$ 的中值矩阵 $\hat{\boldsymbol{C}}^c=(\hat{C}_{ij}^c)$ 和半径矩阵 $\Delta\hat{\boldsymbol{C}}=(\Delta\hat{C}_{ij})$ 如下

$$\hat{\boldsymbol{C}}^c=\frac{\overline{\hat{\boldsymbol{C}}}+\underline{\hat{\boldsymbol{C}}}}{2},\hat{C}_{ij}^c=\frac{\overline{\hat{C}}_{ij}+\underline{\hat{C}}_{ij}}{2} \tag{2-50}$$

$$\Delta\hat{\boldsymbol{C}}=\frac{\overline{\hat{\boldsymbol{C}}}-\underline{\hat{\boldsymbol{C}}}}{2},\Delta\hat{C}_{ij}=\frac{\overline{\hat{C}}_{ij}-\underline{\hat{C}}_{ij}}{2} \tag{2-51}$$

对于 $\hat{\boldsymbol{C}}^I$ 的第 i 个特征对 $(\lambda_i^I, \boldsymbol{w}_i^I)$，有

$$\hat{\boldsymbol{C}}^I\boldsymbol{w}_i^I=\lambda_i^I\boldsymbol{w}_i^I \tag{2-52}$$

则混合不确定性降维问题转化为求解 $\hat{\boldsymbol{C}}^I$ 对应的特征值区间 $\boldsymbol{\lambda}^I$，这里

$$\boldsymbol{\lambda}^I=[\underline{\boldsymbol{\lambda}},\overline{\boldsymbol{\lambda}}]=(\lambda_i^I),\lambda_i^I=[\underline{\lambda}_i,\overline{\lambda}_i],\lambda_i^m=\frac{\underline{\lambda}_i+\overline{\lambda}_i}{2},i=1,\cdots,n \tag{2-53}$$

根据 Deif 定理[139]，如果取值于 $\hat{\boldsymbol{C}}^c$ 的符号矩阵

$$S^i=\mathrm{diag}(\mathrm{sgn}(\boldsymbol{w}_i)),i=1,\cdots,n \tag{2-54}$$

在 $\hat{\boldsymbol{C}}^I$ 上保持不变，则特征值 λ_i^I 的上下界满足

$$(\hat{\boldsymbol{C}}^c-S^i\Delta\hat{\boldsymbol{C}}S^i)\underline{\boldsymbol{w}}_i=\underline{\lambda}_i\underline{\boldsymbol{w}}_i,i=1,\cdots,n \tag{2-55}$$

$$(\hat{\boldsymbol{C}}^c+S^i\Delta\hat{\boldsymbol{C}}S^i)\overline{\boldsymbol{w}}_i=\overline{\lambda}_i\overline{\boldsymbol{w}}_i,i=1,\cdots,n \tag{2-56}$$

其中，$\mathrm{sgn}(\boldsymbol{w}_i)$ 为 $\boldsymbol{w}_i$ 各元素的符号函数值向量。式（2-55）、式（2-56）可以精确给出 $\underline{\lambda}_i$、$\overline{\lambda}_i$ 的值。特别地，若 $\mathrm{sgn}(\boldsymbol{w}_i)$ 各元素具有相同的符号，即 $S^i=I$ 或 $S^i=-I$ 时，则

$$\underline{\hat{\boldsymbol{C}}}\,\underline{\boldsymbol{w}}_i=\underline{\lambda}_i\underline{\boldsymbol{w}}_i,\overline{\hat{\boldsymbol{C}}}\overline{\boldsymbol{w}}_i=\overline{\lambda}_i\overline{\boldsymbol{w}}_i,i=1,\cdots,n \tag{2-57}$$

对于区间特征向量的估计，根据式（2-55）、式（2-56），有

$$\lambda_i-\Delta\hat{\boldsymbol{C}}|\boldsymbol{w}_i|\leqslant(\lambda_iI-S^i\hat{\boldsymbol{C}}^cS^i)|\boldsymbol{w}_i|\leqslant\Delta\hat{\boldsymbol{C}}|\boldsymbol{w}_i|,i=1,\cdots,n \tag{2-58}$$

$$\begin{pmatrix}\lambda_i\boldsymbol{I}-S^i\hat{\boldsymbol{C}}^cS^i-\Delta\hat{\boldsymbol{C}}\\ S^i\hat{\boldsymbol{C}}^cS^i-\lambda_i\boldsymbol{I}-\Delta\hat{\boldsymbol{C}}\end{pmatrix}|\boldsymbol{w}_i|\leqslant\boldsymbol{0},i=1,\cdots,n \tag{2-59}$$

其中，$\boldsymbol{I}$ 为单位矩阵。此时可以按约束优化问题的方法求得 $|\boldsymbol{w}_i|$ 的最大值与最小值，各元素正负号根据 S^i 得到。

特别地，对半正定实对称矩阵 $\hat{\boldsymbol{C}}=(\hat{C}_{ij})\in\hat{\boldsymbol{C}}^I$，存在正交矩阵 $\boldsymbol{W}$，使得

$$\boldsymbol{W}^{\mathrm{T}}\hat{\boldsymbol{C}}\boldsymbol{W}=\mathrm{diag}(\lambda_1,\cdots,\lambda_n) \tag{2-60}$$

令 $\boldsymbol{\Lambda}=\mathrm{diag}(\lambda_1, \cdots, \lambda_n)$，对 $\forall \boldsymbol{w}_i=(w_1, w_2, \cdots, w_n)^{\mathrm{T}}$，有

$$(\boldsymbol{W}\boldsymbol{w}_i)^{\mathrm{T}}\hat{\boldsymbol{C}}\boldsymbol{W}\boldsymbol{w}_i=\boldsymbol{w}_i^{\mathrm{T}}\boldsymbol{\Lambda}\boldsymbol{w}_i=\lambda_1 w_1^2+\lambda_2 w_2^2+\cdots+\lambda_n w_n^2\geqslant 0 \quad (2-61)$$

则 $\lambda_i(i=1, \cdots, n)$ 均为非负特征值，由于 $\hat{\boldsymbol{C}}=\boldsymbol{W}\boldsymbol{\Lambda}\boldsymbol{W}^{\mathrm{T}}$，有

$$\lambda_i=\boldsymbol{w}_i^{\mathrm{T}}\hat{\boldsymbol{C}}\boldsymbol{w}_i=\boldsymbol{w}_i^{\mathrm{T}}\left[\frac{1}{M}\sum_{k=1}^{M}(\nabla_x f_k)\cdot(\nabla_x f_k)^{\mathrm{T}}\right]\boldsymbol{w}_i=\frac{1}{M}\sum_{k=1}^{M}[(\nabla_x f_k)^{\mathrm{T}}\boldsymbol{w}_i]^2\geqslant 0 \quad (2-62)$$

其中 $\nabla_x f_k\in\nabla_x f_k^I$。$\lambda_i$ 值同样表征了 f 沿第 i 个特征方向的平均变化率大小，即如果 λ_i 值接近于零，则 f 沿特征向量 $\boldsymbol{w}_i$ 的梯度均方变化接近于零，也就是说 f 在 $\boldsymbol{w}_i$ 方向基本不受影响，这就为不确定性降维提供了理论支撑。

上述式（2-55）～式（2-59）关于区间特征值与特征向量的推导，是在区间特征向量的分量保持符号不变的条件下给出的，该条件在实际问题中很难判断，有很大的局限性，且计算量很大。因此，需要结合不确定性降维要求，研究无需先验条件且适用面更广的 GAS 近似估计方法。

2.3　广义活跃子空间求解

广义活跃子空间求解的关键在于 $\boldsymbol{\lambda}^I$ 的计算，区间特征值问题当前还没有理想的求解方法，其边界的精确估计仍是数学上的难题。现有针对区间特征值估计的圆盘法[163]、摄动法[164]、谱半径法[165,166]、直接优化法[167]等均存在一定局限性，只能求得大致范围，无法获得真正的特征值界。因此，本书给出 GAS 的几种近似求解方法，以实现对混合不确定性问题的降维。

2.3.1　基于区间特征值分析的 GAS 估计

设 λ_i^I 与 λ_{i+1}^I 是两个区间数特征值，有 $\alpha, \beta\in[0, 1]$，满足任意 $\lambda_i\in\lambda_i^I$ 和 $\lambda_{i+1}\in\lambda_{i+1}^I$，可以表示如下

$$\lambda_i=(1-\alpha)\underline{\lambda}_i+\alpha\overline{\lambda}_i, \lambda_{i+1}=(1-\beta)\underline{\lambda}_{i+1}+\beta\overline{\lambda}_{i+1} \quad (2-63)$$

定义区间特征值距离为两区间数中每一点之差的平均值，用积分形式表示如下

$$\mathrm{d}(\lambda_i^I, \lambda_{i+1}^I)=\left|\int_0^1\int_0^1(\lambda_i-\lambda_{i+1})\mathrm{d}\alpha\,\mathrm{d}\beta\right| \quad (2-64)$$

即

$$\begin{aligned} d(\lambda_i^I,\lambda_{i+1}^I) &= \left| \int_0^1 \int_0^1 \{ [(1-\alpha)\underline{\lambda}_i + \alpha\overline{\lambda}_i] - [(1-\beta)\underline{\lambda}_{i+1} + \beta\overline{\lambda}_{i+1}] \} \mathrm{d}\alpha \, \mathrm{d}\beta \right| \\ &= \left| \frac{1}{2}(\underline{\lambda}_i + \overline{\lambda}_i) - \frac{1}{2}(\underline{\lambda}_{i+1} + \overline{\lambda}_{i+1}) \right| \end{aligned} \tag{2-65}$$

当 $\boldsymbol{x}$ 全为随机不确定性时，λ_i^I 与 λ_{i+1}^I 分别变为中间值 λ_i^{m} 与 $\lambda_{i+1}^{\mathrm{m}}$，式（2-65）的距离度量同样适用。活跃子空间的维度判定主要考虑相邻特征值的间隔大小，这样可以通过对比给出的区间特征值距离，确定活跃子空间的维度，结合平均降维变换的特征向量，可以获得活跃变量进行有效降维。

为了实现这种基于区间特征值分析（Interval Eigenvalue Analysis，IEA）的求解方法，需要对区间特征值上下界进行估计。由于谱半径法（Spectral Radius Method，SRM）[165]适合对称区间矩阵问题，无需先验条件，不妨引入谱半径法。

设 $\lambda_1 \geqslant \cdots \geqslant \lambda_n$ 是实对称矩阵 $\hat{\boldsymbol{C}} \in \hat{\boldsymbol{C}}^I$ 的特征值，$\lambda_1^{\mathrm{c}} \geqslant \cdots \geqslant \lambda_n^{\mathrm{c}}$ 是中值矩阵 $\hat{\boldsymbol{C}}^{\mathrm{c}}$ 的特征值，ρ 是半径矩阵 $\Delta\hat{\boldsymbol{C}}$ 的谱半径。则对于 $i=1$，…，n，有

$$\overline{\lambda}_i = \lambda_i^{\mathrm{c}} + \rho(\Delta\hat{\boldsymbol{C}}), \underline{\lambda}_i = \lambda_i^{\mathrm{c}} - \rho(\Delta\hat{\boldsymbol{C}}) \tag{2-66}$$

其中

$$\rho(\Delta\hat{\boldsymbol{C}}) = \max\{|\lambda| : \lambda \in \lambda(\Delta\hat{\boldsymbol{C}})\} \tag{2-67}$$

此时

$$d(\lambda_i^I,\lambda_{i+1}^I) = \lambda_i^{\mathrm{c}} - \lambda_{i+1}^{\mathrm{c}} \tag{2-68}$$

这里 $\lambda(\Delta\hat{\boldsymbol{C}})$ 表示 $\Delta\hat{\boldsymbol{C}}$ 的全体特征值，λ_i^I 的中间值 λ_i^{m} 即为 $\hat{\boldsymbol{C}}^{\mathrm{c}}$ 的特征值 λ_i^{c}。由于每个特征值区间都具有相同的半径，对于较小特征值上下界的估计误差较大。而本书式（2-65）给出的区间特征值距离度量，正好消除了这个相同区间宽度的影响，通过比较区间特征值距离可以很好地确定活跃子空间的维度 r。

对于降维特征向量，由于不确定性输入的变化区间一般较小，根据 λ_i^{c} 的大小表示 f 随活跃变量的平均变化率，可以分别取 $\boldsymbol{\lambda}^I$ 中前 r 个 λ_1^I，…，λ_r^I 的中间值对应的特征向量 $\boldsymbol{w}_1^{\mathrm{c}}$，…，$\boldsymbol{w}_r^{\mathrm{c}}$，来近似表征系统响应的平均降维变换。当仅有随机不确定性影响时，这种近似降维方法同样适用。从而实现了基于 GAS 的混合不确定性降维，基本流程如图 2-2 所示，这里需要对 $\hat{\boldsymbol{C}}^I$ 的边界矩阵进行求解。

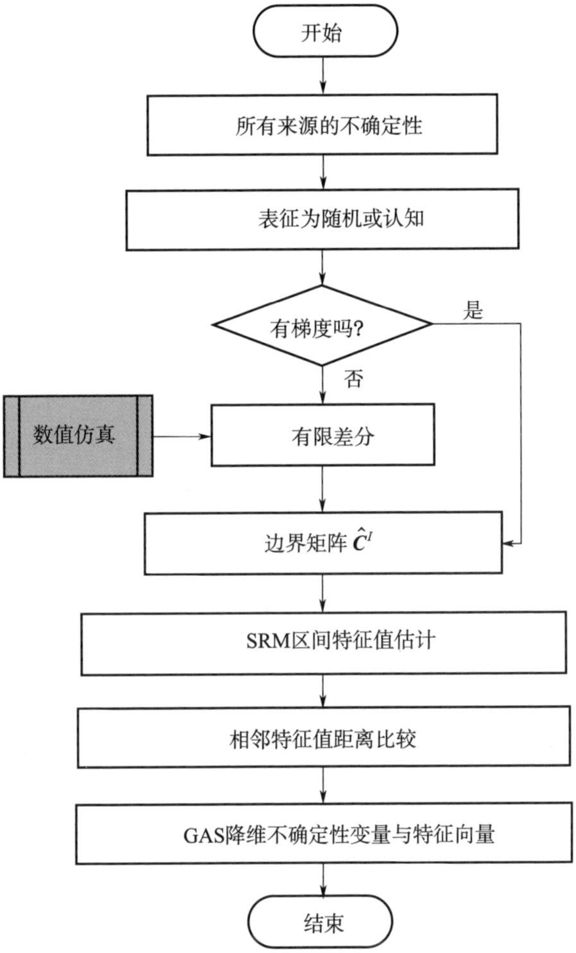

图 2-2　基于区间特征值分析的 GAS 降维流程

2.3.2　基于经验分布函数的 GAS 估计

由于对于实际问题 $\hat{C}^I$ 的各元素梯度区间较难获得，计算成本高昂，2.3.1 节的 IEA 方法存在一定的局限性。本节基于仿真或实验样本，可以引入区间变量的经验分布函数（Empirical Distribution Function，EDF）[140]进行 GAS 的近似估计。EDF 是基于区间范围的概率积分为 1 的函数，如图 2-3 所示，类似随机变量的累积分布函数 CDF，满足 f 平均梯度矩阵求解的抽样权重要求。为了计算 EDF，可以基于 p-box 方法[140]估计 EDF，图 2-3 中细实线表示 p-box 边界，粗实线表示 EDF 的拟合，用 $S_M(x_{ei})$ 表示，区间变量的所有分布形式均能类似得到表示。

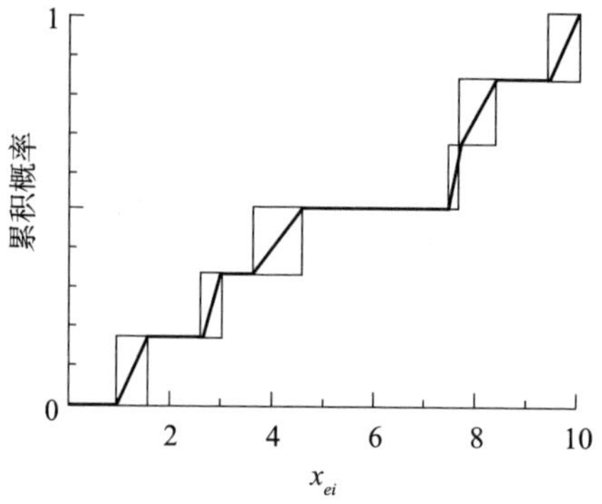

图 2-3 等分布假设下的 EDF 示例

进一步地，由于在活跃子空间识别时，不确定性变量抽样是随机的，经验密度可以按等分布模型进行拟合。以 M 表示抽样个数，则每一个仿真或实验样本的分布概率按常速率 $1/M$ 递增，每一次递增的位置与样本对应。这样 EDF 较好地保留了各样本数据的中心趋向、位置、分散度等分布信息，可以推导区间不确定性变量对应的经验密度函数为 EDF 的微分，即 $\rho_{x_{ei}} = \partial S_M/\partial x_{ei}$ 。虽然 EDF 表示的不确定性变量分布参数存在不确定性，但随着抽样点数 M 的增加，给出的 EDF 及相应经验密度函数越来越准确。

因此，基于构造的经验分布函数，可以将非概率模型表示的不确定性变量表示为随机变量，以 EDF 代替 CDF，使得认知不确定性与随机不确定性可以统一求解，此时降维基本过程如图 2-4 所示，其中活跃变量的扩展形式为

$$\boldsymbol{y} = \hat{\boldsymbol{W}}_1^{\mathrm{T}}\boldsymbol{x} = \hat{\boldsymbol{W}}_1^{\mathrm{T}}(\boldsymbol{x}_a, \boldsymbol{x}_e), \boldsymbol{x}_a \sim \rho_{\boldsymbol{x}_a}, \boldsymbol{x}_e \sim \rho_{\boldsymbol{x}_e} \tag{2-69}$$

其中，$\rho_{\boldsymbol{x}_a}$ 为随机不确定性基于 PDF 得到的抽样权重；$\rho_{\boldsymbol{x}_e}$ 为认知不确定性基于拟合的微分 EDF 得到的抽样权重，子空间系数 $\hat{\boldsymbol{W}}_1$ 由二者输入共同确定，进而可以按 2.1 节方法实现所有不确定性的降维。

2.3.3 基于泰勒展开的 GAS 估计

由于广义活跃子空间对应的梯度区间矩阵求解非常困难，为了简化运算，

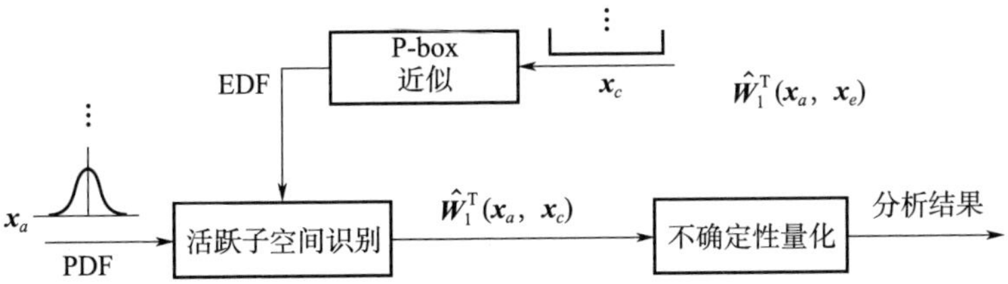

图 2-4　基于经验分布函数估计的 GAS 降维流程

在系统不确定性参数的不确定水平不大的情况下，可以基于泰勒展开（Taylor Expansion）近似估计系统响应的梯度，然后考虑 $\hat{\boldsymbol{C}}$ 的奇异值分解（Singular Value Decomposition，SVD）[170]进行有效求解。

考虑随机-认知混合不确定性的影响，$\nabla_x f^I$ 各项在随机变量的均值处 μ_{X_a} 和区间变量的中间值处 $\overline{\boldsymbol{x}}_e$ 进行泰勒展开，有各变量的梯度项满足

$$\frac{\partial f^I}{\partial x_k} \approx \frac{\partial f(\mu_{X_a}, \overline{\boldsymbol{x}}_e)}{\partial x_k} + \sum_{i=1}^{p} \frac{\partial^2 f(\mu_{X_a}, \overline{\boldsymbol{x}}_e)}{\partial x_k \partial x_{ai}}[x_{ai} - E(x_{ai})] + \sum_{i=1}^{q} \frac{\partial^2 f(\mu_{X_a}, \overline{\boldsymbol{x}}_e)}{\partial x_k \partial x_{ei}}(x_{ei}^I - \overline{x}_{ei}) \tag{2-70}$$

其中，$k \in \{1, \cdots, n\}$，$\boldsymbol{x}_e^I = [\overline{\boldsymbol{x}}_e - \Delta_{x_e}, \overline{\boldsymbol{x}}_e + \Delta_{x_e}]$，$\overline{\boldsymbol{x}}_e$ 为 $\boldsymbol{x}_e$ 的中间值，p、q 分别表示 $\boldsymbol{x}_a$ 和 $\boldsymbol{x}_e$ 的维数，$\boldsymbol{x}_{ai}$ 和 $\boldsymbol{x}_{ei}$ 分别表示 $\boldsymbol{x}_a$ 和 $\boldsymbol{x}_e$ 的第 i 个分量，随机不确定性变量的期望值 $\boldsymbol{\mu}_{X_a} = (E(x_{a1}), \cdots, E(x_{ap}))$ 。

式（2-70）可以写为

$$\frac{\partial f^I}{\partial x_k} = \begin{bmatrix} -\sum_{i=1}^{q} \left| \frac{\partial^2 f(\mu_{X_a}, \overline{\boldsymbol{x}}_e)}{\partial x_k \partial x_{ei}} \right| \Delta_{x_{ei}} + \frac{\partial f(\mu_{X_a}, \overline{\boldsymbol{x}}_e)}{\partial x_k} + \sum_{i=1}^{p} \frac{\partial^2 f(\mu_{X_a}, \overline{\boldsymbol{x}}_e)}{\partial x_k \partial x_{ai}}[x_{ai} - E(x_{ai})], \\ \sum_{i=1}^{q} \left| \frac{\partial^2 f(\mu_{X_a}, \overline{\boldsymbol{x}}_e)}{\partial x_k \partial x_{ei}} \right| \Delta_{x_{ei}} + \frac{\partial f(\mu_{X_a}, \overline{\boldsymbol{x}}_e)}{\partial x_k} + \sum_{i=1}^{p} \frac{\partial^2 f(\mu_{X_a}, \overline{\boldsymbol{x}}_e)}{\partial x_k \partial x_{ai}}[x_{ai} - E(x_{ai})] \end{bmatrix} \tag{2-71}$$

进一步地，$\partial f^I / \partial x_k$ 可以写为

$$\frac{\partial f^I}{\partial x_k} = \boldsymbol{\alpha}^{\mathrm{T}} \boldsymbol{x}^I = \alpha_0 + \alpha_1 x_{a1} + \cdots + \alpha_p x_{ap} + \alpha_{p+1} \Delta_{x_{e1}} \delta_{e1}^I + \cdots + \alpha_n \Delta_{x_{eq}} \delta_{eq}^I \tag{2-72}$$

其中标准区间变量 $\delta_{e1}^I, \cdots, \delta_{eq}^I \in \delta^I = [-1, 1]$，$\boldsymbol{x}^I = (x_{a1}, \cdots, x_{ap}, x_{e1}^I,$

$\cdots$，$x_{eq}^{I})^{\mathrm{T}}$，$\boldsymbol{\alpha}$ 满足

$$\alpha_0=\frac{\partial f(\boldsymbol{\mu}_{X_a},\overline{\boldsymbol{x}}_e)}{\partial x_k}-\sum_{i=1}^{p}\frac{\partial^2 f(\boldsymbol{\mu}_{X_a},\overline{\boldsymbol{x}}_e)}{\partial x_k\partial x_{ai}}E(x_{ai}),i=1,\cdots,p \tag{2-73}$$

$$\alpha_i=\frac{\partial^2 f(\boldsymbol{\mu}_{X_a},\overline{\boldsymbol{x}}_e)}{\partial x_k\partial x_i},i=1,\cdots,n \tag{2-74}$$

由此得出各变量的区间梯度项上下限为

$$\underline{c}_k=\alpha_0+\alpha_1x_{a1}+\cdots+\alpha_px_{ap}-|\alpha_{p+1}|\Delta_{x_{e1}}-\cdots-|\alpha_n|\Delta_{x_{eq}} \tag{2-75}$$

$$\overline{c}_k=\alpha_0+\alpha_1x_{a1}+\cdots+\alpha_px_{ap}+|\alpha_{p+1}|\Delta_{x_{e1}}+\cdots+|\alpha_n|\Delta_{x_{eq}} \tag{2-76}$$

为了避免区间相乘，有效求解 $\hat{\boldsymbol{C}}^{I}$，本节提出结合 SVD 策略与拉丁超立方设计（Latin Hypercube Design，LHD）进行特征值与特征向量估计，根据式（2-72），对每个变量梯度项 $\dfrac{\partial f^I}{\partial x_k}$ 进行 M 次 LHD 抽样。其中 x_a 按其密度函数抽样，x_e 按 δ^I 范围抽样，可以近似如下

$$\hat{\boldsymbol{C}}_{Appr}=\frac{1}{M}\sum_{j=1}^{M}(\nabla_x\hat{f}_j)\cdot(\nabla_x\hat{f}_j)^{\mathrm{T}} \tag{2-77}$$

$$\frac{1}{\sqrt{M}}(\nabla_x\hat{f}_1\cdots\nabla_x\hat{f}_M)=\hat{\boldsymbol{W}}\boldsymbol{\Sigma}\hat{\boldsymbol{V}} \tag{2-78}$$

其中，$\hat{\boldsymbol{W}}$ 仍为 $n\times n$ 正交矩阵；$\boldsymbol{\Sigma}=\left(\sqrt{\hat{\boldsymbol{\Lambda}}}\ 0\right)$ 为 $n\times M$ 矩阵，一般 n 小于 M，对角线上的元素称为奇异值，其余元素为 0；$\hat{\boldsymbol{V}}$ 为 $M\times M$ 正交矩阵。这里的奇异值 $\boldsymbol{\sigma}=(\sigma_1,\ \cdots,\ \sigma_n)$ 与特征值类似，在矩阵 $\boldsymbol{\Sigma}$ 中从大到小排列，一般递减较快，即可以用前 r 大的奇异值来表征 f 的平均梯度变化大小。从而

$$\hat{\boldsymbol{C}}_{Appr}\approx(\hat{\boldsymbol{W}}_{n\times r}\boldsymbol{\Sigma}_{r\times M}\hat{\boldsymbol{V}}_{M\times M})(\hat{\boldsymbol{W}}_{n\times r}\boldsymbol{\Sigma}_{r\times M}\hat{\boldsymbol{V}}_{M\times M})^{\mathrm{T}}=\hat{\boldsymbol{W}}_{n\times r}\hat{\boldsymbol{\Lambda}}_{r\times r}\hat{\boldsymbol{W}}_{n\times r}^{\mathrm{T}} \tag{2-79}$$

其中，$\boldsymbol{y}=\hat{\boldsymbol{W}}_{n\times r}^{\mathrm{T}}(\boldsymbol{x}_a,\ \boldsymbol{x}_e)$，$\hat{\boldsymbol{W}}_{n\times r}$ 即为活跃子空间对应的特征向量 $\hat{\boldsymbol{W}}_1$，r 为降维空间的维度。随机不确定性变量 $\boldsymbol{x}_a$ 和认知不确定性变量 $\boldsymbol{x}_e$ 统一写为 $\boldsymbol{x}$ 向量，此时混合不确定性降维流程如图 2-5 所示，结合泰勒展开与奇异值分解，可以近似获得降维空间的特征方向。

总之，基于提出的上述三种方法可以估计存在的广义活跃子空间，并以 Bootstrap 方法对求得的特征值与子空间估计精度进行校验，进而结合本书后续章节的研究构建低维高精度传播模型 $\hat{f}(\boldsymbol{y})$，实现混合不确定性分析。同时，容易获得系统响应 CDF 的上下限，即 CDF 上限描述的累积可信性分布

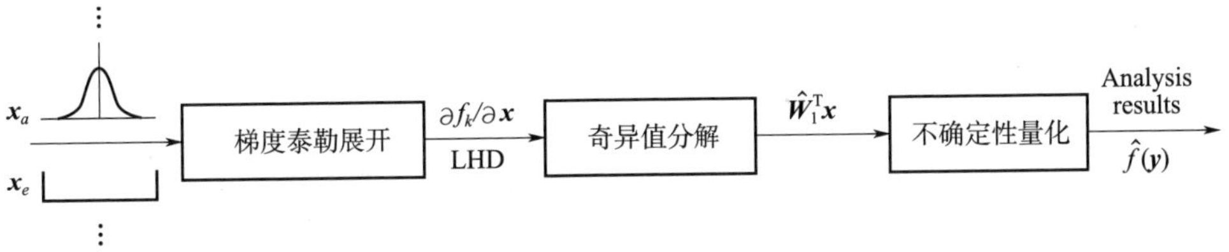

图 2-5 基于泰勒展开估计的 GAS 降维流程

函数（Cumulative Belief Function，CBF）与 CDF 下限描述的累积似然性分布函数（Cumulative Plausibility Function，CPF），详见本书 3.1 节表述。

2.4 算例测试

本节通过一个三维混合不确定性响应函数算例验证提出的三种广义活跃子空间近似估计方法。该算例为

$$f(x_1,x_2,x_3)=e^{x_1}+x_2^2+2x_3+x_2x_3 \tag{2-80}$$

其中，$x_1\sim N(0,\ 1)$ 为正态分布表示的随机不确定性，$x_2\in[0,\ 1]$ 与 $x_3\in[0,\ 1]$ 为区间表示的认知不确定性。式（2-80）对应的平均梯度区间矩阵为

$$\hat{\boldsymbol{C}}^I=\frac{1}{M}\sum_{k=1}^{M}\begin{pmatrix} e^{2x_1} & [0,3e^{x_1}] & [2e^{x_1},3e^{x_1}] \\ [0,3e^{x_1}] & [0,9] & [0,9] \\ [2e^{x_1},3e^{x_1}] & [0,9] & [4,9] \end{pmatrix} \tag{2-81}$$

基于区间特征值分析方法，不妨取 $M=100$，求得 $\hat{\boldsymbol{C}}^I$ 区间特征值的中间值为 $\lambda_1^m=12.160\ 2$，$\lambda_2^m=2.0360$，$\lambda_3^m=0.664\ 8$，如图 2-6（a）所示，利用 Bootstrap 方法通过 10 000 次重采样验证其估计精度。由此可以按 2.3.1 节中的谱半径对区间特征值距离进行估计：$\mathrm{d}(\lambda_1^I,\ \lambda_2^I)=11.591\ 6$ 和 $\mathrm{d}(\lambda_2^I,\ \lambda_3^I)=1.323\ 9$。由于 $\mathrm{d}(\lambda_1^I,\ \lambda_2^I)$ 较大，此三维混合不确定性问题可以降为一维活跃子空间处理。

基于同样的计算条件，根据本书 2.3.2 节的经验分布函数方法进行活跃子空间降维，假设 $x_2\in[0,\ 1]$ 与 $x_3\in[0,\ 1]$ 按区间等分布模型处理，从而可以对 EDF 进行拟合，求导得到经验密度函数。这样求得平均梯度矩阵对应的特征值如图 2-6（b）所示，同样基于 Bootstrap 方法通过 10 000 次重采样验证了其估计精度。

按泰勒展开 GAS 估计，求得混合不确定性各梯度区间为

$$\frac{\partial f^I}{\partial x_1}=1+x_1,\frac{\partial f^I}{\partial x_2}=[0,3],\frac{\partial f^I}{\partial x_3}=[2,3] \tag{2-82}$$

进而结合 LHD 抽样按式（2-78）求得矩阵 $\boldsymbol{C}$ 对应的奇异值与特征向量，得出对数化后降序排列的特征值，如图 2-6（c）所示，并且基于 Bootstrap 方法通过 10 000 次重采样验证其估计精度。

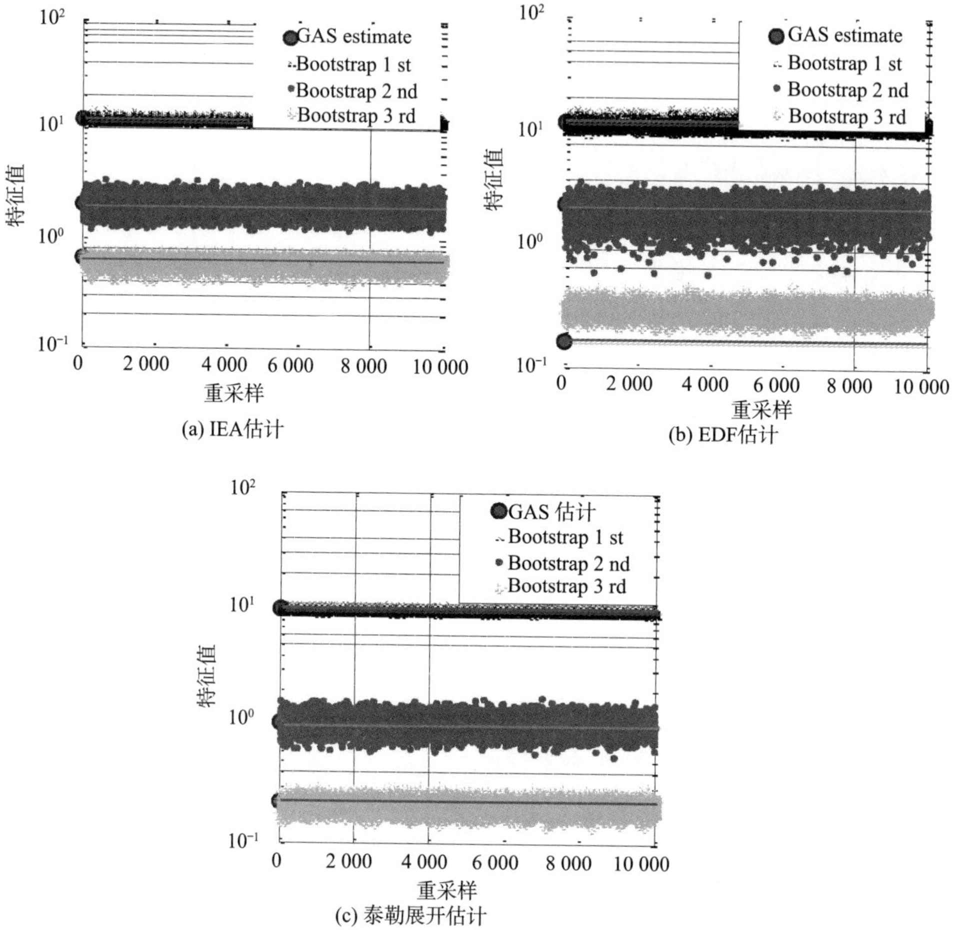

(a) IEA估计

(b) EDF估计

(c) 泰勒展开估计

图 2-6　三种 GAS 近似方法的特征值估计校验

对比上述三种方法，它们均可以得到一维活跃子空间，相应子空间估计的 Bootstrap 误差如图 2-7 所示，相关分析结果见表 2-1。根据 Bootstrap 校验结果，基于 EDF 方法估计的 λ_1 波动范围略大且 λ_3 估计不准，导致一维子

空间估计精度较低；由于该算例梯度函数存在非线性项 e^{x_1}，基于线性项的泰勒级数展开会产生近似误差，即特征值的估计值与真实值相比存在一定的偏差，由此使得活跃子空间降维传播结果存在误差；而 IEA 方法的特征值与活跃子空间的估计精度均较高。因此，基于 IEA 的近似估计更接近广义活跃子空间存在的真实情况，具有更好的子空间估计精度与降维适用性。

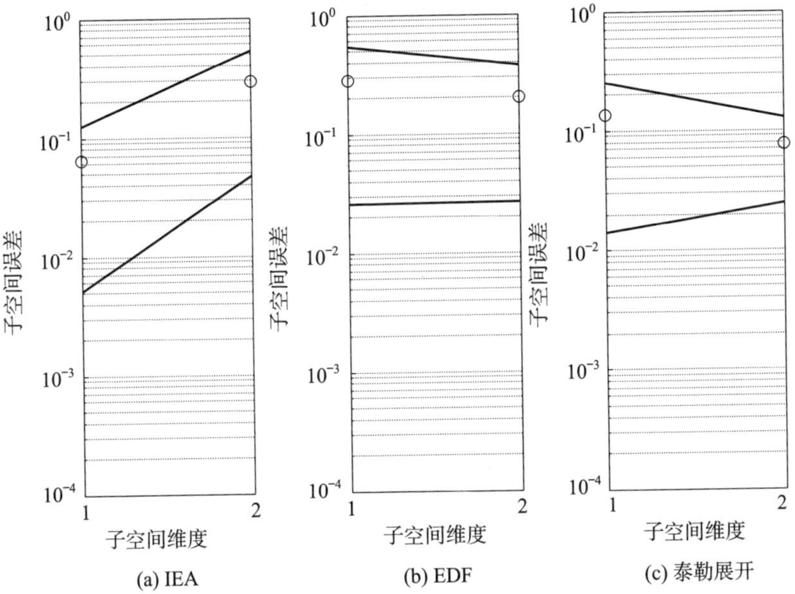

图 2-7　三种 GAS 近似方法的子空间估计误差（实线：边界，圆圈：均值）

表 2-1　三种 GAS 近似方法算例结果对比

近似估计方法	$\hat{\lambda}_1$	$\hat{\lambda}_2$	$\hat{\lambda}_3$	一维特征值估计 Bootstrap 误差	一维子空间估计精度
区间特征值分析	12.160 2	2.036 0	0.664 8	较小	0.064 5
经验分布函数	12.690 4	2.779 3	0.467 3	较大	0.118 2
泰勒展开	9.903 1	0.823 7	0.229 2	较小	0.104 3

进一步地，基于全维 MCS 方法对上述混合不确定性降维的传播结果进行验证。在全维传播分析情况下，f 对应的真实可信性分布函数 CBF 与似然性分布函数 CPF 如图 2-8 所示。

为了分析上述三种求解方法的效能，可以分别基于 GAS 降维的结果构建响应面传播模型，其详细构建过程将在本书 3.2 节予以讨论，得到混合不确

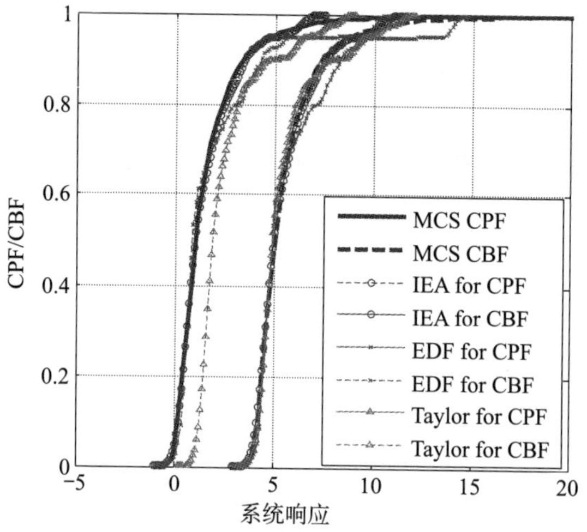

图 2-8　不同方法估计的 CPF 和 CBF 曲线对比

定性传播结果的 CPF 与 CBF，如图 2-8 所示。以 MCS 所得 CPF 与 CBF 为基准，可以发现，在相同抽样条件下，基于 IEA 方法最为接近真实分析结果，而泰勒展开法得到的 CPF 存在一定的偏差，基于 EDF 方法对应的 CPF 与 CBF 在累积概率接近 1 时存在误差。进一步说明了基于 IEA 方法的活跃子空间降维精度更高。

综上分析，对于降维子空间或特征向量的估计，当系统参数不确定性水平较低时，所提出的三种近似方法均可适用；当不确定性水平较高时，基于 EDF 与泰勒展开的近似方法具有一定的局限性，而基于 IEA 的近似方法具有较好的适用性，但由于需要精确的梯度边界矩阵，计算成本较大。本书后续章节将有更多应用案例对上述 GAS 降维方法进行验证。

第 3 章　降维空间不确定性传播分析方法

作为实现 UBDO 的关键环节，不确定性传播分析是系统性能分析、安全风险估计与不确定性优化的基础，其主要任务在稳健设计优化中，是估算系统优化目标不确定性分布的低阶矩信息；而在可靠性设计优化中，是估算系统满足约束条件的可靠度；有些情况下还需要获得响应完整的不确定性分布函数，作为其他系统的输入变量。另一项重要任务是确定系统极限状态时的输出性能以及相应的输入参数，而不是典型状态或平均表现，称为极限情况分析（Extreme Case Analysis）[141]，属逆向不确定性分析问题。

随着越来越多的不确定性在实际工程问题中考虑，加之系统模型往往非常复杂，很难显式表达，因而计算成本与时间成本非常巨大，甚至无法求解，由此需要引入降维空间的近似传播模型，提高不确定性分析效率。本章沿着“GAS 降维—传播模型—分析”的思路，对复杂系统不确定性传播分析方法进行研究。首先，结合 UP 过程表述，讨论了基于区间活跃变量的混合不确定性 GAS 传播分析法，并给出了基于分布函数梯度的不确定性分析。其次，研究降维空间中自适应响应面的构建技术，给出了基于活跃变量的区间响应面模型及其构造方法，以支撑高效的正向与逆向不确定性分析。针对航空航天领域存在的多维极限情况分析难题，提出了降维贝叶斯推理的有效量化方法，以解决该“逆问题”的求解困难。最后，采用 NASA 经典测试算例与极限情况分析算例验证了上述方法的有效性。

3.1　混合不确定性降维传播分析法

3.1.1　不确定性全维传播分析表述

3.1.1.1　随机不确定性传播

首先考虑仅存在随机不确定性的情况。设系统模型定义为 $f=f(\boldsymbol{x})$，其

中 $\boldsymbol{x}$ 为所有不确定性变量，f 为系统响应。假设 $p(\boldsymbol{x})$ 为 $\boldsymbol{x}$ 的联合概率密度函数，对于 f 的任意函数 $\varphi(f)$，表征不确定性影响程度的期望值可以通过下式得到

$$\pi = E[\varphi(f)] = \int \varphi[f(\boldsymbol{x})]p(\boldsymbol{x})\mathrm{d}\boldsymbol{x} \tag{3-1}$$

当 $\varphi(f)=f^k$ 时，π 为 f 的 k 阶矩；当 $\varphi(f)=f$ 时，π 为 f 的期望。如果 $f \leqslant f_0$，则 $\varphi(f)=1$，而 $f > f_0$，$\varphi(f)=0$，则 π 为 f 的概率分布 f_0 分位点对应的分位数。特别地，当 π 为可靠性指标，即表征系统安全与失效的界限状态时，其大小为所有不确定性变量作用下失效区域的体积积分，如图 3-1 所示的阴影部分，通常以 $P_f(g<0)$ 表示失效率，则系统可靠度为

$$R = 1 - P_f = 1 - \int_{g<0} p(\boldsymbol{x})\mathrm{d}\boldsymbol{x} = \int_{g\geqslant 0} p(\boldsymbol{x})\mathrm{d}\boldsymbol{x} \tag{3-2}$$

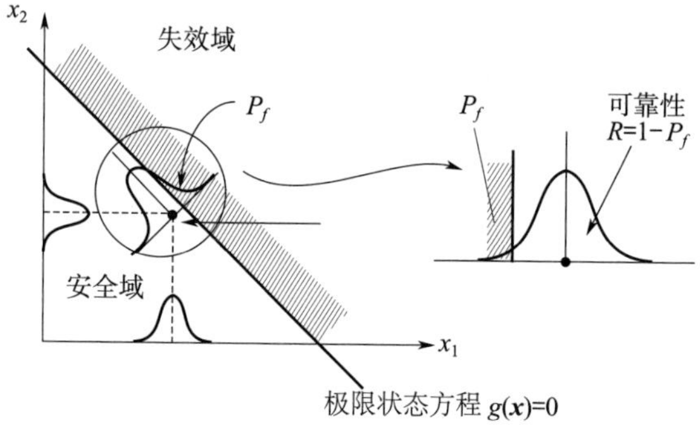

图 3-1 随机不确定性传播的极限状态面

3.1.1.2 混合不确定性传播

当考虑随机-认知混合不确定性时，则系统响应 f 的分布函数 CDF 具有上下限，其下限称为可信性 Bel，上限称为似然性 Pl。Bel 和 Pl 的具体计算式如下[35]

$$\begin{cases} \mathrm{CBF}_f(c) = \Pr\{f_{\max} = \max\limits_{x_e} f(\boldsymbol{x}_a, \boldsymbol{x}_e) < c \mid \boldsymbol{x}_e \in [\overline{\boldsymbol{x}}_e - \Delta_{x_e}, \overline{\boldsymbol{x}}_e + \Delta_{x_e}]\} \\ \mathrm{CPF}_f(c) = \Pr\{f_{\min} = \min\limits_{x_e} f(\boldsymbol{x}_a, \boldsymbol{x}_e) < c \mid \boldsymbol{x}_e \in [\overline{\boldsymbol{x}}_e - \Delta_{x_e}, \overline{\boldsymbol{x}}_e + \Delta_{x_e}]\} \end{cases} \tag{3-3}$$

其中，$\boldsymbol{x}_a$ 包含 p 个概率分布表示的随机不确定性，$\boldsymbol{x}_e$ 包含 q 个区间表示的认知

不确定性。由Bel值描述的不确定性分布称为累积可信性分布函数CBF；由Pl值描述的不确定性分布称为累积似然性分布函数CPF。可以看出，Bel值一般不大于Pl值。当系统只有随机不确定性时，CBF与CPF重合为CDF；当系统只有认知不确定性时，Bel值和Pl值非0即1，CBF和CPF为阶跃函数。

特别地，当系统响应为约束对应的极限状态函数时，根据区间运算的性质，失效率也具有上下限，即

$$P_f = \Pr\{g(\boldsymbol{x}_a, \boldsymbol{x}_e) < 0\} \tag{3-4}$$

满足：

$$P_f^{\mathrm{U}} = \Pr\{\min_{\boldsymbol{x}_e} g(\boldsymbol{x}_a, \boldsymbol{x}_e) < 0\} \tag{3-5}$$

$$P_f^{\mathrm{L}} = \Pr\{\max_{\boldsymbol{x}_e} g(\boldsymbol{x}_a, \boldsymbol{x}_e) < 0\} \tag{3-6}$$

可以看出，引入区间不确定性后，极限状态函数 $g(\boldsymbol{x})=0$ 不再是一个唯一曲面，而是由 $\min_{\boldsymbol{x}_e} g(\boldsymbol{x}_a, \boldsymbol{x}_e)$ 和 $\max_{\boldsymbol{x}_e} g(\boldsymbol{x}_a, \boldsymbol{x}_e)$ 构成的极限状态带，如图3-2所示。

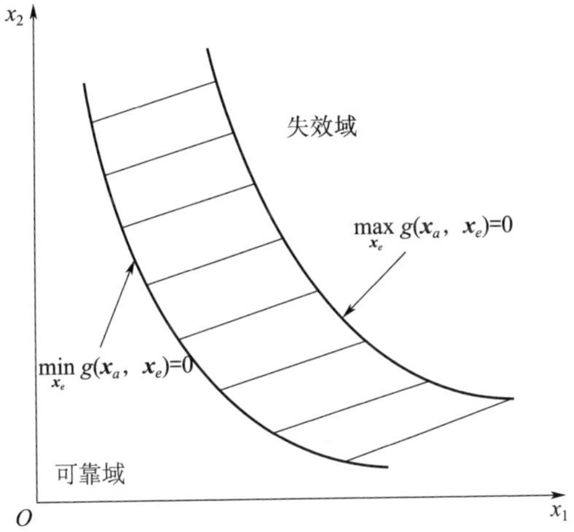

图 3-2　混合不确定性传播的极限状态带

在实际工程问题中，目标函数、极限状态函数或其他系统响应函数通常是隐性表达的且单次计算非常耗时，尤其是在不确定性变量较多的情况下，式（3-3）难以直接求解。为了有效开展混合不确定性分析，本书在GAS研究基础上，形成一套基于GAS降维-自适应响应面的不确定性传播方法，使

其对于混合不确定性分析问题能广泛适用。

3.1.2 混合不确定性降维传播分析

针对实际问题中多维混合不确定性变量影响，本节讨论基于 GAS 降维的不确定性传播分析法，如图 3－3 所示。该传播分析法首先将所有输入不确定性按存在的活跃子空间进行降维，获得相应的降维空间维度与特征向量，然后基于降维空间构建统一的传播模型进行不确定性分析。最终获得系统输出对应的 PDF、CDF 等分布函数或可靠度信息，而对于混合不确定性情况，CDF 是包括 CBF 与 CPF 的极限状态带。

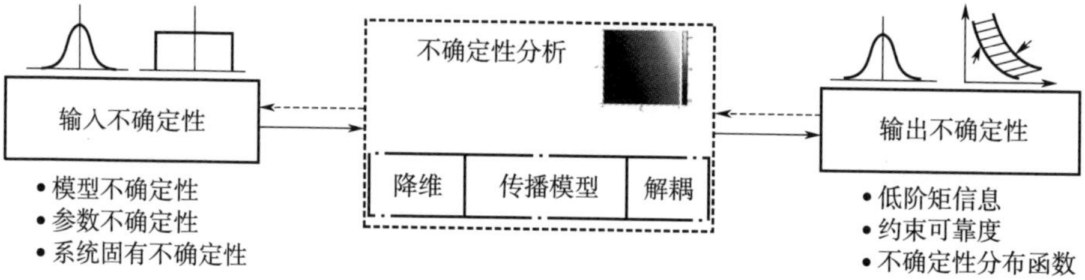

图 3－3 基于降维传播的不确定性分析示意图

图 3－3 中虚线表示不确定性传播分析逆问题，将在本书 3.3 节予以详细介绍。

3.1.2.1 基于区间活跃变量的不确定性分析

由于活跃变量 $\boldsymbol{y}=\hat{\boldsymbol{W}}_1^{\mathrm{T}}\boldsymbol{x}$ 构造时，$\boldsymbol{x}$ 为标准化输入参数，即

$$\frac{2(\boldsymbol{x}-\boldsymbol{x}^{\mathrm{L}})}{\boldsymbol{x}^{\mathrm{U}}-\boldsymbol{x}^{\mathrm{L}}}-1\in[-1,1]^n \tag{3-7}$$

得出降维空间中各活跃变量分量的上下界为

$$\underline{y}_j=w_{j1}x_1+w_{j2}x_2+\cdots+w_{jp}x_p-|w_{j(p+1)}|-\cdots-|w_{jn}| \tag{3-8}$$

$$\overline{y}_j=w_{j1}x_1+w_{j2}x_2+\cdots+w_{jp}x_p+|w_{j(p+1)}|+\cdots+|w_{jn}| \tag{3-9}$$

其中，$j=(1,\ 2,\ \cdots,\ r)$，$r\ll n$，为降维子空间维度。写成区间数形式有

$$\boldsymbol{y}^I=([\underline{y}_1,\overline{y}_1],[\underline{y}_2,\overline{y}_2],\cdots,[\underline{y}_r,\overline{y}_r])^{\mathrm{T}} \tag{3-10}$$

对于系统响应 f，混合不确定性传播结果为

$$\begin{cases}\mathrm{CBF}_f(c)=\Pr\{f_{\max}\approx\max\limits_{\boldsymbol{y}}\hat{f}(\boldsymbol{y})<c \mid \boldsymbol{y}\in\boldsymbol{y}^I\}\\ \mathrm{CPF}_f(c)=\Pr\{f_{\min}\approx\min\limits_{\boldsymbol{y}}\hat{f}(\boldsymbol{y})<c \mid \boldsymbol{y}\in\boldsymbol{y}^I\}\end{cases} \tag{3-11}$$

特别地，当系统响应为极限状态函数时，传播模型为 $\hat{g}(\boldsymbol{y})$，则该系统失效域上下限为

$$\begin{cases}P_f^{\mathrm{U}}=\mathrm{CPF}_g(c)=\Pr\{\min\limits_{\boldsymbol{y}}\hat{g}(\boldsymbol{y})<0 \mid \boldsymbol{y}\in\boldsymbol{y}^I\}\\ P_f^{\mathrm{L}}=\mathrm{CBF}_g(c)=\Pr\{\max\limits_{\boldsymbol{y}}\hat{g}(\boldsymbol{y})<0 \mid \boldsymbol{y}\in\boldsymbol{y}^I\}\end{cases} \tag{3-12}$$

其中，式（3-11）与式（3-12）均可采用非线性优化方法进行计算。在实际问题中，最大失效率通常是人们最为关心和重视的指标。因此，本书后续可靠性分析将以最大失效率 P_f^{U}，即可靠度的 Bel 值 $R=1-P_f^{\mathrm{U}}$，来衡量系统是否满足可靠性约束要求。

由于活跃变量 $\boldsymbol{y}\in\boldsymbol{y}^I$ 的分布形式未知，在降维空间采用 r 维区间分析方法，可以利用基于极大极小准则的最优 LHD，其不受极限状态函数形式、$\boldsymbol{y}$ 变量分布形式和变量个数的限制，结合构造的响应面传播模型，可以在保证计算效率的同时达到较好的精度要求。

首先按随机不确定性的分布情况进行 N 次抽样，每个样本对应一个式（3-10）所示的区间活跃变量 $y_i^I(i=1, 2, \cdots, N)$。进一步地，对 y_i^I 进行 r 维区间分析，利用式（3-12）进行寻优，获得最小值 $\min\limits_{\boldsymbol{y}}\hat{g}(\boldsymbol{y}_i)$，这样得到了 $\mathrm{CPF}_g(c)$ 对应的 N 个响应值，并定义示性函数

$$I_f(\boldsymbol{y}_i)=\begin{cases}0, \min\limits_{\boldsymbol{y}}\hat{g}(\boldsymbol{y}_i)\geqslant 0\\ 1, \min\limits_{\boldsymbol{y}}\hat{g}(\boldsymbol{y}_i)<0\end{cases} \tag{3-13}$$

则系统的最大失效率的估计值为 $\hat{P}_f^{\mathrm{U}}=\dfrac{1}{N}\sum\limits_{i=1}^{N}I_f(\boldsymbol{y}_i)$。

当抽样样本 N 足够大时，估计的失效概率 $\hat{P}_f^{\mathrm{U}}$ 可以收敛于系统在不确定性影响下的真实失效概率 P_f^{U}。对于系统响应 f，还可以基于这 N 个样本响应值按核密度估计（Kernel Density Estimation，KDE）[142]方法拟合获得完整的可信性分布函数。

3.1.2.2 基于分布函数梯度的不确定性分析

基于极限状态函数积分可以直接开展最大失效率或可靠度的计算分析。

若可靠性约束需要满足 $g_a \leqslant g \leqslant g_b$，则该约束的可靠度 Bel 值为

$$\mathrm{Bel}\{g_a \leqslant g \leqslant g_b\} = \int_{g_a}^{g_b} u_d(g)\mathrm{d}g \approx \sum_{i=1}^{N} u_d(\overline{g}_i) w_i = \boldsymbol{u}_d^{\mathrm{T}} \boldsymbol{w} \geqslant \eta \tag{3-14}$$

其中，$\boldsymbol{w} = (w_1, \cdots, w_N)^{\mathrm{T}}$ 为积分权重，$u_d(g)$ 为极限状态函数的可信性密度函数，$\boldsymbol{u}_d$ 为 $u_d(g)$ 上的 N 个离散点 $\overline{g}_i$ 组成的向量，$g_a \leqslant g \leqslant g_b$ 为积分区间。进一步地，基于 KDE 方法有

$$\boldsymbol{u}_d \approx \hat{\boldsymbol{u}}_d = \boldsymbol{K}\boldsymbol{e}, \boldsymbol{K} \in \boldsymbol{R}^{N \times M} \tag{3-15}$$

其中，$K_{ij} = \dfrac{1}{M} K(\overline{g}_i - g_j(d))$，$\boldsymbol{e}$ 是元素均为 1 的 M 维向量。则有

$$\mathrm{Bel}\{g_a \leqslant g \leqslant g_b\} \approx (\boldsymbol{K}\boldsymbol{e})^{\mathrm{T}} \boldsymbol{w} \tag{3-16}$$

为了加速约束优化过程，可以利用极限状态函数的梯度，满足约束的可靠度 Bel 值梯度为

$$\nabla_d \mathrm{Bel}\{g_a \leqslant g \leqslant g_b\} = \boldsymbol{w}^{\mathrm{T}} \boldsymbol{K}' \boldsymbol{G}' \tag{3-17}$$

其中

$$K'_{ij} = \frac{1}{M} K'(\overline{g}_i - g_j(d)) \tag{3-18}$$

$$\boldsymbol{G}' = \begin{pmatrix} \partial g_1/\partial d_1 & \cdots & \partial g_1/\partial d_n \\ \vdots & \ddots & \vdots \\ \partial g_M/\partial d_1 & \cdots & \partial g_M/\partial d_n \end{pmatrix} \tag{3-19}$$

还可以得到满足约束的可信性分布函数梯度的各阶矩信息，如均值

$$\overline{\mu}_g = \int_{g_a}^{g_b} u_d(g) g \,\mathrm{d}g \approx \boldsymbol{u}_d^{\mathrm{T}} \boldsymbol{W} \boldsymbol{g} \tag{3-20}$$

相应梯度为

$$\nabla_d \overline{\mu}_g = \boldsymbol{g}^{\mathrm{T}} \boldsymbol{W} \boldsymbol{K}' \boldsymbol{G}' \tag{3-21}$$

其中，$\boldsymbol{W} = \mathrm{diag}(w_1, \cdots, w_N)$。

要实现上述不确定性传播分析法，主要需解决三个方面的问题：一是混合不确定性降维，在本书第 2 章已得到解决；二是降维空间的传播代理模型，能够适应降维空间维度与区间活跃变量变化，将在 3.2 节详细讨论；三是多学科间不确定性耦合变量的表征与解耦，可采用局部一次二阶矩[59]，暂不作详细研究。根据输出的低阶矩信息和估计的分布函数可以进一步开展可靠度、稳健性、置信区间等分析。上述方法的分析效率与精度将结合后续测试算例

进行验证。

3.2　基于降维空间的自适应响应面构建

本节探讨不确定性域内高精度近似模型，在对输入不确定性进行描述、降维后，考虑每个设计点的整个不确定性域，构建与评价适合混合不确定性变量的传播模型，能够广泛用于不确性分析中。由于区间分析运算无法直接用于 Kriging 等[143]复杂近似模型，因此基于多项式响应面[144]构建自适应传播模型，使其对区间活跃变量情况仍可以适用，基本流程如图 3-4 所示。

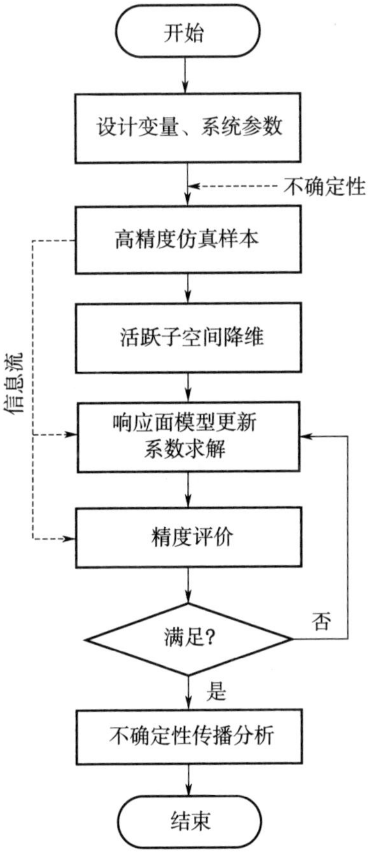

图 3-4　降维空间响应面传播模型的构建流程

3.2.1 基于活跃变量的自适应响应面

假定 $\hat{f}(\boldsymbol{x})$ 是响应面传播模型，$\boldsymbol{x}=(\boldsymbol{d},\ \boldsymbol{p})^{\mathrm{T}}$，其中 $\boldsymbol{d}$ 表示的设计变量不确定性当系统设计变量变化时，也将发生改变。同时，由于不同设计变量情况下降维子空间的形式可能发生变化，因此需要传播模型对可变维度、可变形式活跃变量的自适应更新，由此形成了面向 GAS 降维传播的自适应响应面（Adaptive Response Surface Method，ARSM）。

降维空间 ARSM 的形式与构造需要探讨。由于构建的 ARSM 模型随设计点不同而更新，在单个设计点的不确定性域采用三阶及以下的多项式模型即能达到精度要求，而且更新效率高。二次 RSM 模型用于活跃坐标的形式为

$$f^{(p)}=\beta_0+\sum_{1\leqslant j\leqslant r}\beta_j y_j^{(p)}+\sum_{1\leqslant j\leqslant k\leqslant r}\beta_{r-1+j+k}y_j^{(p)}y_k^{(p)} \tag{3-22}$$

其中，$f^{(p)}$ 是第 p 个样本点的系统响应；$y_j^{(p)}$ 与 $y_k^{(p)}$ 为第 p 个样本点对应的第 j 个与第 k 个活跃变量值；β_0、β_j 和 $\beta_{r-1+j+k}$ 为待估响应面系数，共计 $n_r=(r+1)(r+2)/2$ 个。对于逆向不确定性分析，其响应面模型的形式与式（3-22）相同，只是逆响应面模型以系统响应作为输入，设计变量作为输出。

由于单个设计点附近的不确定性域较小，大多数情况下式（3-22）中的交叉项对响应面模型精度的贡献小，通常略去交叉项而采用完全平方项的形式，以提高模型更新效率。于是将式（3-22）写为

$$\begin{aligned}f^{(p)}&=\beta_0+\sum_{1\leqslant j\leqslant r}\beta_j y_j^{(p)}+\sum_{1\leqslant j\leqslant r}\beta_{jj}y_j^{2(p)}\\&=\beta_0+\sum_{1\leqslant j\leqslant r}\beta_{jj}\left(y_j^{(p)}+\frac{\beta_j}{2\beta_{jj}}\right)^2-\sum_{1\leqslant j\leqslant r}\frac{\beta_j^2}{4\beta_{jj}}\end{aligned} \tag{3-23}$$

当混合不确定性存在、活跃变量为区间数时，构建合适的 GAS-ARSM 传播模型比较困难，这是因为区间四则运算过程中存在着区间扩张问题[73]。如对于本质相同、仅表述不同的三个函数有

$$\begin{cases}f(x)=x(1-x)\\g(x)=x-x^2\\h(x)=0.25-(x-0.5)^2\end{cases} \tag{3-24}$$

若变量 x 为区间数 $x^I=[0,\ 1]$，此时根据区间运算有

$$\begin{cases} f([0,1])=[0,1] \\ g([0,1])=[-1,1] \\ h([0,1])=[0,0.25] \end{cases} \tag{3-25}$$

其中仅 $h(x^I)$ 给出了正确解，其他两个函数由于变量出现多于一次而存在计算相依性问题，导致计算结果出现区间扩张。

为了避免区间扩张带来的传播误差，使 ARSM 中各活跃变量 y_j 仅出现一次，这样根据本书 2.1 节的区间四则运算法则，就可以获得系统响应的区间表示。根据式（3－23）有

$$f^I=\beta_0+\sum_{1\leqslant j\leqslant r}\beta_{jj}\left(y_j^I+\frac{\beta_j}{2\beta_{jj}}\right)^2-\sum_{1\leqslant j\leqslant r}\frac{\beta_j^2}{4\beta_{jj}} \tag{3-26}$$

其中，y_j^I 的范围见式（3－10）。

式（3－26）为自适应区间响应面（AIRSM）的理论表达式，利用该式可以直接进行区间运算，方便求得系统响应 f^I 并用于逆问题求解。由于区间数项与模型阶次独立，当响应面阶次更高时，区间数项的替换同样适用。相比传统响应面仅能针对实数进行传播分析，给出的 AIRSM 适用于区间数与实数混合传播情况，简化了系统响应的极值计算过程。下节将讨论 GAS－ARSM 的构造方法。

3.2.2　带可调项的加权响应面方法

3.2.2.1　加权自适应响应面改进

对于极限状态函数边界的高精度拟合一直是响应面构造的难点。常规响应面的系数通常被赋予相同的权重，由最小二乘法求解，对于活跃变量情况，有

$$\hat{\boldsymbol{\beta}}=(\mathbf{Y}^{\mathrm{T}}\mathbf{Y})^{-1}\mathbf{Y}^{\mathrm{T}}\boldsymbol{f} \tag{3-27}$$

其中

$$\boldsymbol{f}=\begin{pmatrix} f^{(1)} \\ f^{(2)} \\ \vdots \\ f^{(M)} \end{pmatrix},\quad \mathbf{Y}=\begin{pmatrix} 1 & y_1^{(1)} & \cdots & y_r^{(1)} & y_1^{2(1)} & \cdots & y_r^{2(1)} \\ 1 & y_1^{(2)} & \cdots & y_r^{(2)} & y_1^{2(2)} & \cdots & y_r^{2(2)} \\ 1 & \vdots & & \vdots & \vdots & & \vdots \\ 1 & y_1^{(M)} & \cdots & y_r^{(M)} & y_1^{2(M)} & \cdots & y_r^{2(M)} \end{pmatrix},\quad \hat{\boldsymbol{\beta}}=\begin{pmatrix} \hat{\beta}_0 \\ \hat{\beta}_1 \\ \vdots \\ \hat{\beta}_{rr} \end{pmatrix} \tag{3-28}$$

为使更多的采样点靠近真实极限状态面，以提高 ARSM 拟合边界的收敛速度与精度，一种改进的响应面法是通过梯度投影方法[112]来确定训练样本点，但算法较为复杂，且式（3－27）的矩阵求解可能存在奇异问题。另一种是 Kaymaz 等[113]提出的加权回归响应面法，通过赋予靠近极限状态的样本点更大的权重，其给出的权函数为

$$w_i = \exp\left(-\frac{|f^{(i)} - f^*| - \min\limits_M |\boldsymbol{f} - f^*|}{\min\limits_M |\boldsymbol{f} - f^*|}\right) \tag{3-29}$$

其中，f^* 为极限状态函数的目标值，此加权处理使离极限状态越近的样本点权重越大，因而目标值附近响应面拟合精度更高。通常极限状态函数边界为 $g^*=0$，则相应权函数为

$$w_i = \exp\left(-\frac{|g^{(i)}| - \min\limits_M |\boldsymbol{g}|}{\min\limits_M |\boldsymbol{g}|}\right) \tag{3-30}$$

但式（3－29）与式（3－30）给出的加权处理容易出现分母为零或接近零的病态计算情况，以及响应面过分依赖少数抽样点带来的加权效果不可调情况。鉴于以上问题，本书改进了加权 ARSM 的构造方法，通过设置可调项，合理调整靠近极限状态的样本点的加权效果来构建自适应响应面，以达到高精度拟合极限状态边界的目的。沿用加权思想，将权函数引入响应面系数的求解，有

$$\hat{\boldsymbol{\beta}} = (\boldsymbol{Y}^{\mathrm{T}}\boldsymbol{W}\boldsymbol{Y})^{-1}\boldsymbol{Y}^{\mathrm{T}}\boldsymbol{W}\boldsymbol{f} \tag{3-31}$$

其中，$\boldsymbol{W}$ 是与样本点相关的 $M \times M$ 权函数矩阵，即 $\boldsymbol{W} = \mathrm{diag}(w_1, w_2, \cdots, w_M)$。我们定义可调的权函数为

$$w_i = \exp\left(\mu \cdot \frac{\max\limits_M |\boldsymbol{f} - f^*| - |f^{(i)} - f^*|}{\max\limits_M |\boldsymbol{f} - f^*|}\right) \tag{3-32}$$

对于极限状态函数情况，有

$$w_i = \exp\left(\mu \cdot \frac{\max\limits_M |\boldsymbol{g}| - |g^{(i)}|}{\max\limits_M |\boldsymbol{g}|}\right) \tag{3-33}$$

其中，μ 为加权可调项，满足 $\mu \in [0, N]$。该权函数以 g 绝对值的最大值代替最小值作分母，解决了可能存在的病态计算情况。通过加入系数 μ，使得加权效果具有可调性。训练样本点数较少时，μ 的取值应较小，以保证全部样本点的有效性，而 $\mu=0$ 表示响应面系数计算过程不加权。

3.2.2.2　算例测试

下面算例中样本数的选取按基于极大极小准则的最优 LHD 进行。

算例 1：下面以一个二维非线性函数[145]进行测试

$$g(x)=3.8+x_2-\exp(x_1-1.7);x_1,x_2\in[-4,4] \tag{3-34}$$

对式（3－34）的极限状态方程进行拟合，训练样本数为 40，测试样本数为 100，权函数按式（3－33），通过设置不同取值的 μ，来测试这种带可调项的加权响应面的拟合精度，其平均绝对误差（MAE）随 μ 值的变化曲线如图 3－5（a）所示，MAE 按式（3－49）计算。可以看出，此例中 μ 在［3，10］内取值较为合适，当 $\mu=5$ 时拟合的平均误差最小，加权效果较为明显，此时构造的 ARSM 模型所近似的极限状态边界如图 3－5（b）中虚线所示。

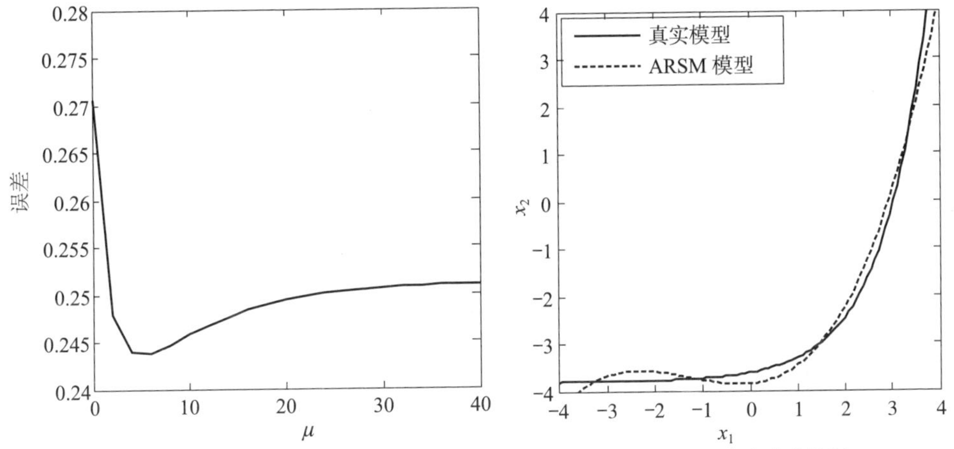

(a) MAE近似误差随μ值的变化　　(b) ARSM近似与真实情况

图 3－5　算例 1 极限状态方程近似情况

算例 2：下面以一个高次非线性函数[145]进行测试

$$g(x)=x_2+(0.3x_1)^4;x_1,x_2\in[-5,5] \tag{3-35}$$

对式（3－35）的极限状态方程进行拟合，训练样本数为 40，测试样本数为 100，权函数按式（3－33），通过设置不同取值的 μ，来测试这种带可调项的加权响应面的拟合精度，其平均绝对误差随 μ 值的变化曲线如图 3－6（a）所示。可以看出，此例中 μ 在［3，6］内取值较为合适，当 μ 取 4 左右时拟合的平均误差最小，此时构造的 ARSM 模型表示的极限状态边界如图 3-6（b）中虚线所示。

算例 3：下面以三维强非线性函数[145]进行测试

$$g(x)=\frac{1}{8}(\sin(x_1-3)\cdot x_2+(x_2-1)^2)-x_3;x_1,x_2,x_3\in[0,10] \tag{3-36}$$

对式（3-36）的极限状态方程进行拟合，训练样本数为 40，这里对 x_1 与 x_2 输入变量进行降维处理，二者变为 GAS 中单个活跃变量 y，从而可以将极限状态方程近似为图 3-7（b）表示的形式，相比图 3-7（a）所示真实三维极限状态函数边界，GAS 降维传播的结果更为简单有效。

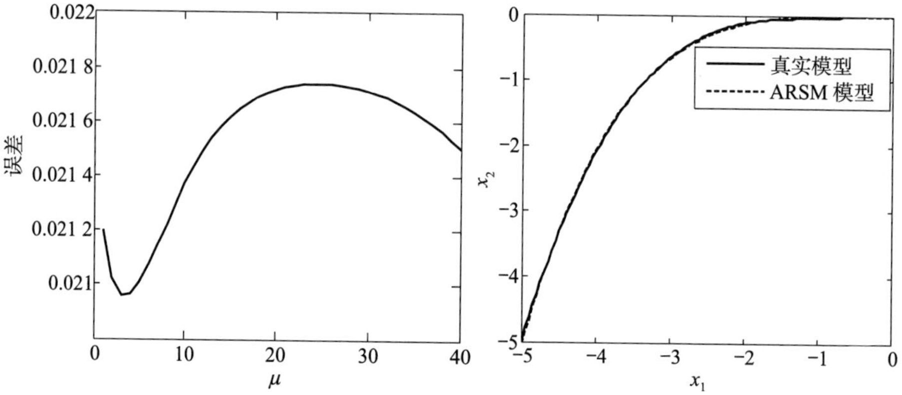

(a) MAE近似误差随 μ 值的变化　　(b) ARSM近似与真实情况

图 3-6　算例 2 极限状态方程近似情况

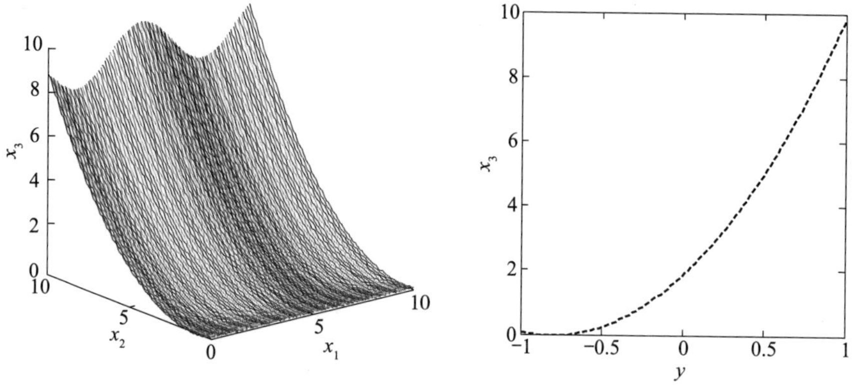

(a) 真实极限状态边界　　(b) 降维ARSM的近似边界

图 3-7　算例 3 极限状态方程近似情况

上述算例说明该加权 ARSM 通过合理设置可调项，可以提高传播模型对极限状态边界的拟合精度。

3.2.3　自适应响应面模型精度评价

在求出 ARSM 模型的待估参数后，还需要对 ARSM 模型进行校验，评估其对真实系统响应的近似程度。这里给出区间动态关联分析准则，并结合显著性校验与交叉验证，综合它们各自评价的优势，使得 AIRSM 模型的评价尽可能准确。

3.2.3.1　区间动态关联分析方法

结合降维空间易随设计点变化的特点，这里给出一种区间动态关联分析法，以期对混合不确定性情况下具有上下限的系统响应预测精度作出较好的综合评估。基于常用的 TIC（Theil's Inequality Coefficient）系数法[146]，通过判断两条曲线拟合程度来判断两条曲线相似性，其 TIC 系数如下式

$$\mu=\frac{\sqrt{\frac{1}{M}\sum_{i=1}^{M}(x_i-y_i)^2}}{\sqrt{\frac{1}{M}\sum_{i=1}^{M}x_i^{\,2}}+\sqrt{\frac{1}{M}\sum_{i=1}^{M}y_i^{\,2}}}\tag{3-37}$$

这里 $\{x_i\}$ 和 $\{y_i\}$ 分别为真实模型、代理模型的 M 项输出序列。

本书针对系统响应区间分布带的特点，定义如下区间关联的性能指标

$$\xi=\frac{\sqrt{\sum_{i=1}^{M}\left[(\overline{f}_i-\overline{\hat{f}}_i)^2+(\Delta_{f_i}-\Delta_{\hat{f}_i})^2\right]}}{\sqrt{\sum_{i=1}^{M}(\overline{f}_i^{\,2}+\Delta_{f_i}^2)}+\sqrt{\sum_{i=1}^{M}(\overline{\hat{f}}_i^{\,2}+\Delta_{\hat{f}_i}^2)}}\tag{3-38}$$

其中，$\overline{f}_i$、$\overline{\hat{f}}_i$ 分别为样本点 i 对应系统响应中间值的真实值与估计值，Δ_{f_i}、$\Delta_{\hat{f}_i}$ 分别为样本点 i 对应系统响应范围大小半径的真实值与估计值，满足

$$\overline{\hat{f}}_i=\frac{1}{2}\left[\max\hat{f}(\boldsymbol{y})\mid_{\boldsymbol{y}\in\boldsymbol{y}^I}+\min\hat{f}(\boldsymbol{y})\mid_{\boldsymbol{y}\in\boldsymbol{y}^I}\right]\tag{3-39}$$

$$\Delta_{\hat{f}_i}=\frac{1}{2}\left[\max\hat{f}(\boldsymbol{y})\mid_{\boldsymbol{y}\in\boldsymbol{y}^I}-\min\hat{f}(\boldsymbol{y})\mid_{\boldsymbol{y}\in\boldsymbol{y}^I}\right]\tag{3-40}$$

该区间关联的性能指标 ξ 相当于描述了近似的系统响应分布带与真实情

况的相似性。如果 ξ 越接近 0，则表示 AIRSM 模型预测较为准确，模型精度越高；反之，如果 ξ 越接近 1，则表示所拟合的 AIRSM 模型估计结果与真实响应分布带不一致，模型精度越低。该方法较为简单，无任何条件限制，可以较好地实现区间响应面模型精度的定性评价。

下面用式（3－41）表示的四维非线性函数算例进行说明。

$$\begin{cases} f(x_1,x_2)=p_1+d_2-\exp(d_1-p_2) \\ \text{s.t. } d_1,d_2\in[-1,1],p_1\in[3.6,4.0],p_2\in[1.6,1.8] \end{cases} \tag{3-41}$$

采用本书方法分别构建降维一次与降维二次 AIRSM 模型，训练样本点数为 20，按极大极小准则的最优 LHD，二次 AIRSM 拟合如图 3－8 所示，开展混合不确定性统一传播分析，每个活跃变量 y^I 对应的目标函数值 f^I 具有上下限 f_U 和 f_L 。所得二次 AIRSM 表达式为

$$f^I=-0.0479(y^I-10.6473)^2+9.0302 \tag{3-42}$$

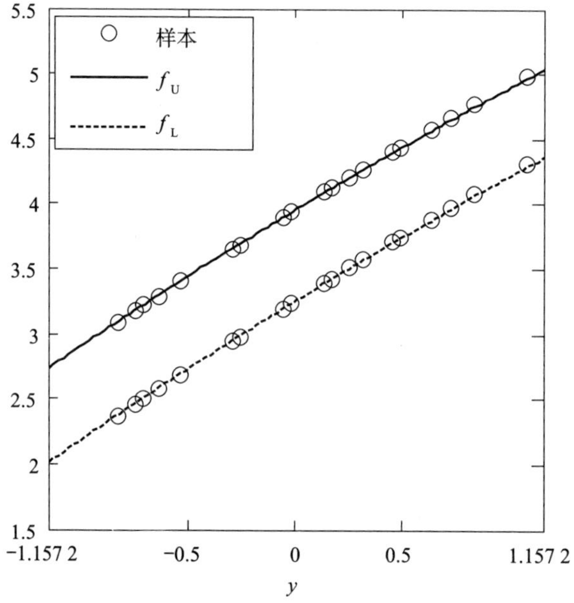

图 3－8　算例降维二次 AIRSM 模型

该算例的区间动态关联分析结果见表 3－1。

表 3-1　区间动态关联分析结果比较

结果	真实情况	降维一次 AIRSM	降维二次 AIRSM
样本点	d_1 =[0.416 5　−0.172 2　−0.822 8　−0.906 6　0.271 9　0.114 8　0.621 1　0.010 0　−0.237 3　−0.068 2　0.566 5　0.307 2　−0.691 0　−0.764 3　−0.338 3　0.944 9　−0.427 8　0.752 6　0.877 8　−0.546 8]		
	d_2 =[0.729 3　−0.048 8　0.007 9　0.670 5　0.318 1　−0.239 8　−0.629 8　0.143 6　0.447 8　−0.855 7　0.577 2　−0.480 6　−0.195 9　0.946 8　0.256 6　−0.996 2　−0.383 0　0.893 9　−0.542 1　−0.760 2]		
区间关联 ξ	0	0.006 2	0.003 5
拟合精度	—	一般	较好

可以看出，降维二次 AIRSM 的区间关联指标 ξ 较小，获得了较好的拟合精度，而降维一次 AIRSM 所得的 ξ 值较大，拟合精度欠佳。因此，基于本书定义的区间关联指标 ξ 可以较好地反映区间情况下响应面模型传播精度。

3.2.3.2　显著性校验

总的偏差平方和（SSY）为

$$SSY=\sum_{p=1}^{M}(f^{(p)}-\overline{f})^2=\sum_{p=1}^{M}f^{(p)^2}-\frac{1}{M}(\sum_{p=1}^{M}f^{(p)})^2 \\ =\boldsymbol{f}^{\mathrm{T}}\boldsymbol{f}-\frac{(\boldsymbol{e}^{\mathrm{T}}\boldsymbol{f})^2}{M} \tag{3-43}$$

其中，$\overline{f}$ 为均值，$\boldsymbol{e}^{\mathrm{T}}=(1\quad \boldsymbol{\Lambda}\quad 1)$ 为 $1\times M$ 的向量，SSY 的自由度（DOF）为 $n_Y=M-1$。

$$SSY=SSE+SSR \tag{3-44}$$

其中，SSR 与 SSE 分别表示回归平方和与剩余平方和偏差。具体地

$$SSR=\sum_{p=1}^{M}(\hat{f}^{(p)}-\overline{f})^2=\hat{\boldsymbol{\beta}}^{\mathrm{T}}\mathbf{Y}^{\mathrm{T}}\boldsymbol{f}-\frac{(\boldsymbol{e}^{\mathrm{T}}\boldsymbol{f})^2}{M} \tag{3-45}$$

$$SSE=\sum_{p=1}^{M}(f^{(p)}-\hat{f}^{(p)})^2=\boldsymbol{f}^{\mathrm{T}}\boldsymbol{f}-\hat{\boldsymbol{\beta}}^{\mathrm{T}}\mathbf{Y}^{\mathrm{T}}\boldsymbol{f} \tag{3-46}$$

其中，$\overline{f}=\frac{1}{M}\sum_{p=1}^{M}|f^{(p)}|$，$SSR$ 的自由度为 $n_R=2r+1$。

进一步地，复相关系数 R^2 定义为

$$R^2=1-\frac{SSE}{SSY}=\frac{SSR}{SSY} \tag{3-47}$$

R^2 的值位于 0 与 1 之间，其值越接近于 1，说明 ARSM 模型近似精度越好。但有时由于响应面方程中设计变量数目的增加，也会带来 R^2 值的增大，因此 R^2 值接近于 1 不一定反映较高的估计精度。本书采用修正的复相关系数为

$$R_{adj}^2 = 1 - \frac{SSE/(M - n_R - 1)}{SSY/M} \tag{3-48}$$

3.2.3.3 交叉验证

除了显著性校验外，往往还可以结合交叉验证（Cross Validation，CV）[146] 对响应值与真实值进行定量的收敛性分析。常见的三种 CV 方法对比分析见表 3-2。

表 3-2　三种常见交叉验证方法对比

CV 方法	缺点	优点
一次测试法	估计结果不可靠	计算成本低，验证速度快
K 重交叉验证法	存在数据浪费	结果比较可靠，计算成本适中
留一交叉验证法	计算成本高	结果可靠、可复现

本书采用留一交叉验证法（Leave - One - Out Cross Validation，LOOCV），适合包含 ARSM 在内所有形式的传播模型。较为常用的定量评价指标有

$$MAE = \frac{1}{M}\sum_{M} | f - \hat{f} | \tag{3-49}$$

$$SDE = \sqrt{\frac{1}{M}\sum_{M} (| f - \hat{f} | - MAE)^2} \tag{3-50}$$

$$RMSE = \sqrt{\frac{1}{M}\sum_{M} (f - \hat{f})^2} \tag{3-51}$$

其中，平均绝对误差 MAE 是预测响应与真实响应之间的差异度；SDE 为估计误差的标准偏差；均方根误差 $RMSE$ 是各样本真实值与估计值误差的均方和的平方根。这些评价指标的值越小表明近似模型的精度越高。LOCCV 的 MAE 指标对过拟合、欠拟合情况较为敏感，常用来表征输出响应的拟合精度。

3.3　基于降维贝叶斯推理的极限情况分析

开展飞行器极限情况分析与预测，合理调整极限状态时的输入参数，可以预防极端不利情况的发生，减轻极限状况发生时的后果。然而，对于多维不确定性影响的问题，确定产生系统极限响应的输入参数分布是极具挑战的“逆问题”[147]，在 2015 年 NASA 特刊[23]中对这一难题进行了论述。这个问题类似搜寻与输出响应相匹配的输入参数分布，特别是在某些已知目标测量值的情况下尤其普遍[148,149]。下面给出基于降维贝叶斯推理的极限情况分析方法。

基于贝叶斯推理（Bayesian Inference）思想[150]，假定 $\boldsymbol{b} \in \boldsymbol{R}^m$ 表示不确定性影响下测量得到的系统输出响应量，则

$$\rho(\boldsymbol{x} \mid \boldsymbol{b}) = \rho(\boldsymbol{b} \mid \boldsymbol{x})\rho(\boldsymbol{x})/\rho(\boldsymbol{b}) \tag{3-52}$$

其中，$\boldsymbol{x}$ 表示 n 维未知输入参数向量，$\rho(\boldsymbol{x})$ 表示 $\boldsymbol{x}$ 的先验密度分布，似然函数 $\rho(\boldsymbol{b} \mid \boldsymbol{x})$ 表示未知参数与输出响应的拟合程度，$\rho(\boldsymbol{x} \mid \boldsymbol{b})$ 表示 $\boldsymbol{x}$ 的后验密度分布。$\rho(\boldsymbol{b})$ 是积分参数，由于它不影响未知参数后验分布结果，通常可以被忽略，即

$$\rho(\boldsymbol{x} \mid \boldsymbol{b}) \propto \rho(\boldsymbol{b} \mid \boldsymbol{x})\rho(\boldsymbol{x}) \tag{3-53}$$

贝叶斯推理的基本过程是结合似然函数 $\rho(\boldsymbol{b} \mid \boldsymbol{x})$ 将先验分布 $\rho(\boldsymbol{x})$ 更新为待求的后验分布 $\rho(\boldsymbol{x} \mid \boldsymbol{b})$。

3.3.1　先验分布与似然函数构造

在不确定性分析逆问题中，如何充分利用先验信息，构造先验分布函数至关重要。关于先验信息 $\rho_{pr}(\boldsymbol{x})$，若按均值与方差分别为 0 和 σ^2 的正态分布，则

$$\rho_{pr}(\boldsymbol{x}) = \frac{1}{(2\pi\sigma^2)^{n/2}}\exp\left(-\frac{1}{2\sigma^2}\boldsymbol{x}^{\mathrm{T}}\boldsymbol{x}\right) \tag{3-54}$$

若采用均匀分布表示输入参数的先验信息，则 $\rho_{pr}(\boldsymbol{x})$ 为常数。

为了减少输入参数个数，简化反求过程，基于识别的活跃子空间对正态先验分布的降维构造如下，即

$$\begin{aligned}\rho_{pr}(\boldsymbol{x}) &= \rho_{pr}(\boldsymbol{W}_1\boldsymbol{y}+\boldsymbol{W}_2\boldsymbol{z}) \\ &= (2\pi\sigma^2)^{-n/2}\exp\left[\frac{-1}{2\sigma^2}(\boldsymbol{W}_1\boldsymbol{y}+\boldsymbol{W}_2\boldsymbol{z})^{\mathrm{T}}(\boldsymbol{W}_1\boldsymbol{y}+\boldsymbol{W}_2\boldsymbol{z})\right] \\ &= (2\pi\sigma^2)^{-r/2}\exp\left(\frac{-1}{2\sigma^2}\boldsymbol{y}^{\mathrm{T}}\boldsymbol{y}\right)(2\pi\sigma^2)^{-(n-r)/2}\exp\left(\frac{-1}{2\sigma^2}\boldsymbol{z}^{\mathrm{T}}\boldsymbol{z}\right) \\ &= \rho_{pr,\mathrm{Y}}(\boldsymbol{y})\rho_{pr,\mathrm{Z}}(\boldsymbol{z})\end{aligned}$$

(3-55)

其中，r 为降维空间维度，活跃变量 $\boldsymbol{y}$ 与非活跃变量 $\boldsymbol{z}$ 之间的独立性与 $\rho_{pr}(\boldsymbol{x})$ 有关。式（3-55）对其他常见分布形式同样适用。

似然函数的构造关系到模型所求参数的拟合程度，影响着后验密度的求解效率与精度。与真实系统输出相比，这里测量的输出响应量存在一定偏差，则

$$\boldsymbol{b}=\boldsymbol{m}(\boldsymbol{x})+\boldsymbol{\varepsilon} \tag{3-56}$$

其中，$\boldsymbol{m}(\boldsymbol{x})$：$\boldsymbol{R}^n\rightarrow\boldsymbol{R}^m$ 表示真实系统输出，$\boldsymbol{\varepsilon}$ 表示系统响应过程中存在的随机噪声等偏差，一般服从正态分布，即 $\boldsymbol{\varepsilon}\sim N(0,\sigma^2)$。

似然函数 $\rho_{lik}(\boldsymbol{b}\mid\boldsymbol{x})$ 可推导如下

$$\rho_{lik}(\boldsymbol{b}\mid\boldsymbol{x})=\exp\left[-\frac{1}{2\sigma^2}(\boldsymbol{b}-\boldsymbol{m}(\boldsymbol{x}))^{\mathrm{T}}(\boldsymbol{b}-\boldsymbol{m}(\boldsymbol{x}))\right] \tag{3-57}$$

设

$$f(\boldsymbol{x})=\frac{1}{2\sigma^2}(\boldsymbol{b}-\boldsymbol{m}(\boldsymbol{x}))^{\mathrm{T}}(\boldsymbol{b}-\boldsymbol{m}(\boldsymbol{x})) \tag{3-58}$$

因此，$\rho_{lik}(\boldsymbol{b}\mid\boldsymbol{x})=\exp(-f(\boldsymbol{x}))$，其中 $f(\boldsymbol{x})$ 为代价函数。

3.3.2 后验密度降维求解

对于极限情况分析问题，要求的产生系统极限响应的输入参数分布相当于后验分布 $\rho_{post}(\boldsymbol{x}\mid\boldsymbol{b})$，根据式（3-53），有

$$\rho_{post}(\boldsymbol{x}\mid\boldsymbol{b})\propto\rho_{lik}(\boldsymbol{b}\mid\boldsymbol{x})\rho_{pr}(\boldsymbol{x})=\exp(-f(\boldsymbol{x}))\rho_{pr}(\boldsymbol{x}) \tag{3-59}$$

后验分布表达式（3-59）的求解可以引入马尔可夫链蒙特卡洛（Markov Chain Monte Carlo，MCMC）算法[151]。MCMC 方法所产生的最终平稳分布即为后验分布，从马氏链中获得的样本可以估计 $\rho_{post}(\boldsymbol{x}\mid\boldsymbol{b})$。但 MCMC 方法存在高维计算瓶颈，如何在复杂高维变量问题中加速收敛一直是

该领域的热点问题[152]。

根据本书 3.1 节讨论，可以引入与 $f(\boldsymbol{x})$ 对应的降维响应面 $\hat{f}(\boldsymbol{y})$ 解决这个问题。它定义了一个近似的似然函数，即

$$\hat{\rho}_{lik}(\boldsymbol{b} \mid \boldsymbol{x}) = \exp(-\hat{f}(\boldsymbol{y})) \tag{3-60}$$

因此对后验密度分布进行估计如下

$$\begin{aligned}\rho_{post}(\boldsymbol{x} \mid \boldsymbol{b}) &\approx \hat{\rho}_{post}(\boldsymbol{x} \mid \boldsymbol{b}) \\ &\propto \hat{\rho}_{lik}(\boldsymbol{b} \mid \boldsymbol{x})\rho_{pr}(\boldsymbol{x}) \\ &= \exp(-\hat{f}(\boldsymbol{y}))\rho_{pr,\mathrm{Y}}(\boldsymbol{y})\rho_{pr,\mathrm{Z}}(\boldsymbol{z}) \\ &= \rho_{post}(\boldsymbol{y} \mid \boldsymbol{b})\rho_{pr,\mathrm{Z}}(\boldsymbol{z})\end{aligned} \tag{3-61}$$

进一步地，式（3－61）求得的后验分布为所有输入参数的联合后验密度分布，而参数各自的后验密度分布往往是我们所关心的，即边缘后验密度分布。所求参数 x_j 对应的边缘后验密度分布为

$$P_j(x_j \mid \boldsymbol{b}) = \int_{R^{n-1}} \rho_{post}(\boldsymbol{x} \mid \boldsymbol{b})\mathrm{d}x_{-j} \tag{3-62}$$

式（3－62）为 $n-1$ 阶积分，R^{n-1} 为 $n-1$ 维实数空间。由于这种直接积分会存在不可积的问题，在计算条件允许的情况下，通常将穷举法的结果认为是真实解，其主要思想是将大量样本点求和来近似未知输入参数的后验密度，需要的样本点数在 10^6 量级。

这种降维贝叶斯推理方法使得要求的后验密度通过活跃变量 $\boldsymbol{y}$ 在降维空间的后验密度与非活跃变量 $\boldsymbol{z}$ 的先验密度获得。这样，MCMC 只需在降维空间进行转移，计算复杂度大大降低，因此提高了输入参数分布的反求效率，使得极限情况分析可以有效开展。结合 Metropolis－Hastings 算法[153]，可以很好地实现降维贝叶斯推理的求解，具体迭代步骤如下：

1）识别 $f(\boldsymbol{x})$ 存在的活跃子空间、活跃变量 $\boldsymbol{y}$ 与非活跃变量 $\boldsymbol{z}$；

2）选取初始值 $\boldsymbol{y}_1$、$\boldsymbol{z}_1$ 与 $\boldsymbol{x}_1 = \boldsymbol{W}_1\boldsymbol{y}_1 + \boldsymbol{W}_2\boldsymbol{z}_1$，设 $k=1$；

3）从先验信息中抽取样本 $\boldsymbol{y}' \in \boldsymbol{R}^r$，$r$ 为降维子空间的维度；

4）计算接受率

$$\alpha(\boldsymbol{y}_k, \boldsymbol{y}') = \min\left(1, \frac{\hat{\rho}_{lik}(\boldsymbol{y}')\rho_{pr,\mathrm{Y}}(\boldsymbol{y}')}{\hat{\rho}_{lik}(\boldsymbol{y}_k)\rho_{pr,\mathrm{Y}}(\boldsymbol{y}_k)}\right) \tag{3-63}$$

5）从均匀分布中取 $t \in [0, 1]$；

6）如果 $\alpha(\boldsymbol{y}_k, \boldsymbol{y}') \geqslant t$，取 $\boldsymbol{y}_{k+1} = \boldsymbol{y}'$，否则，取 $\boldsymbol{y}_{k+1} = \boldsymbol{y}_k$；

7）从 $\rho_{pr,Z}$ 中取 $\boldsymbol{z}_{k+1}$，并计算 $\boldsymbol{x}_{k+1}=\boldsymbol{W}_1\boldsymbol{y}_{k+1}+\boldsymbol{W}_2\boldsymbol{z}_{k+1}$；

8）令 $k=k+1$，返回步骤 3)，继续迭代，直至收敛或按马氏链终止；

9）最终的 MCMC 平稳分布即为所求的输入参数分布。

由于在 MCMC 之前基于先验信息就识别了活跃子空间，因此相比传统基于后验密度分布的降维方法，该方法具有更大的优势，借助降维空间的自适应响应面模型，可以避免大量调用复杂、耗时的计算模型，大幅度提高了贝叶斯推理的效率。

3.4 算例测试

3.4.1 减速器测试算例

选取 NASA 标准的 MDO 算例——典型 Golinski 减速器设计问题[154]，对本章提出的不确定性传播分析方法进行测试。该问题物理模型如图 3－9 所示，旨在满足相关约束的条件下实现目标重量的最小化。

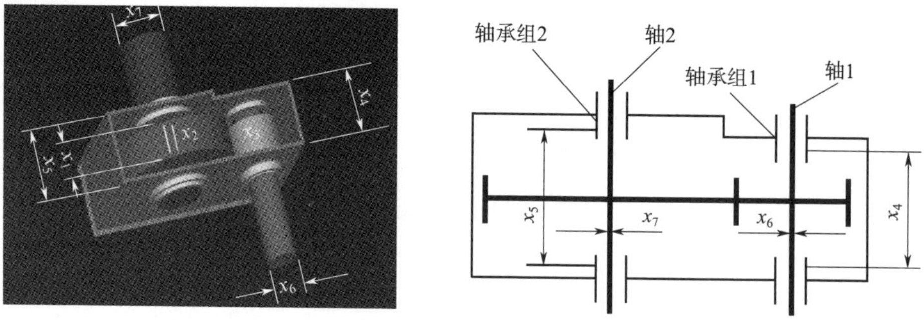

图 3－9　减速器设计优化问题示意图

该问题数学表述如下

$$
\begin{cases}
\text{find}: \boldsymbol{x} = (x_1 \quad x_2 \quad x_3 \quad x_4 \quad x_5 \quad x_6 \quad x_7)^{\mathrm{T}} \\
\min: f(\boldsymbol{x}) = 0.785\,4\, x_1 x_2^2 (3.333\,3 x_3^2 + 14.933\,4 x_3 - 43.093\,4) - \\
1.507\,9 x_1 (x_6^2 + x_7^2) + 7.477 (x_6^3 + x_7^3) + 0.785\,4 (x_4 x_6^2 + x_5 x_7^2) \\
\text{s.t.}\quad g_1: 27.0/(x_1 x_2^2 x_3) - 1 \leqslant 0, \qquad g_2: 397.5/(x_1 x_2^2 x_3^2) - 1 \leqslant 0 \\
\qquad g_3: 1.93 x_4^3/(x_2 x_3 x_6^4) - 1 \leqslant 0, \qquad g_4: 1.93 x_5^3/(x_2 x_3 x_7^4) - 1 \leqslant 0 \\
\qquad g_5: A_1/B_1 - 1\,100 \leqslant 0, \qquad g_6: A_2/B_2 - 850 \leqslant 0 \\
\qquad g_7: x_2 x_3 - 40.0 \leqslant 0, \qquad g_8: 5.0 \leqslant x_1/x_2 \\
\qquad g_9: x_1/x_2 \leqslant 12.0, \qquad g_{10}: (1.5 x_6 + 1.9)/x_4 - 1 \leqslant 0 \\
\qquad g_{11}: (1.1 x_7 + 1.9)/x_5 - 1 \leqslant 0 \\
\qquad A_1 = \left[\left(\dfrac{745.0 x_4}{x_2 x_3}\right)^2 + 16.9 \times 10^6\right]^{0.5}, B_1 = 0.1 x_6^3 \\
\qquad A_2 = \left[\left(\dfrac{745.0 x_5}{x_2 x_3}\right)^2 + 157.5 \times 10^6\right]^{0.5}, B_2 = 0.1 x_7^3 \\
\qquad 2.6 \leqslant x_1 \leqslant 3.6, 0.7 \leqslant x_2 \leqslant 0.8, 17 \leqslant x_3 \leqslant 28, 7.3 \leqslant x_4 \leqslant 8.3 \\
\qquad 7.3 \leqslant x_5 \leqslant 8.3, 2.9 \leqslant x_6 \leqslant 3.9, 5.0 \leqslant x_7 \leqslant 5.5
\end{cases}
\tag{3-64}
$$

该问题七个设计变量中，x_3 表示齿轮的齿数，为整数，其他变量代表齿轮和轴承的尺寸。除了 x_3 外，其他尺寸变量考虑具有 7 级标准公差的不确定性，其中 x_4 与 x_5 为区间表示的认知不确定性，见表 3－3。

表 3－3　算例的设计变量不确定性

变量	说明	分布类型	标准差/偏差
x_1 /cm	尺宽系数	正态	21 μm
x_2 /cm	齿轮模数	正态	1 μm
x_4 /cm	轴 1 轴承间距	区间	Δ_{x4} = 90 μm
x_5 /cm	轴 2 轴承间距	区间	Δ_{x5} = 90 μm
x_6 /cm	轴 1 直径	正态	21 μm
x_7 /cm	轴 2 直径	正态	30 μm

在随机不确定性影响情况下，对任意设计值下的活跃子空间维度进行验证，在其六维设计空间随机取 100 组设计点，对每组设计点都进行活跃子空间识别。基于有限差分方法对特征值进行估计，并获得构成降维空间的特征

向量。这 100 组设计条件下 $\hat{\boldsymbol{C}}$ 的前 3 个较大特征值如图 3-10 所示，相比其他两个特征值，λ_1 最大且存在较大的间隔，因此可以用一维活跃子空间进行降维传播分析。

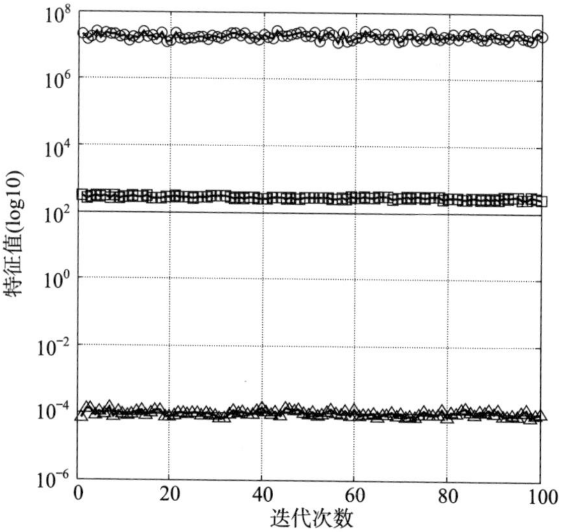

图 3-10　不同设计情况对应的前 3 个特征值

进一步考虑认知不确定性影响，任取一个设计组，基于本书提出的 GAS 三种估计方法，按表 3-3 中的不确定性水平及放大 10 倍的情况进行对比分析。结合 Bootstrap 校验，前四阶特征值的比较如图 3-11 所示。可以发现，这三种估计方法均识别了显著的一维活跃子空间，一阶特征值 Bootstrap 估计精度均较高，泰勒展开估计的特征值存在非线性梯度带来的估计偏差；对比 1 倍与 10 倍不确定性水平情况，随着不确定性水平增大，λ_1 与 λ_2 间隔有所减小，但相比其他相邻特征值仍然明显较大，因此该问题存在显著的一维活跃子空间。

同时以 10 倍不确定性水平为例，分析了它们的子空间估计精度，如图 3-12 所示。可以发现，三种 GAS 近似方法的一维子空间估计精度均较高（$\sim 10^{-4}$），保证了降维空间进行不确定性传播具有较好的精度。

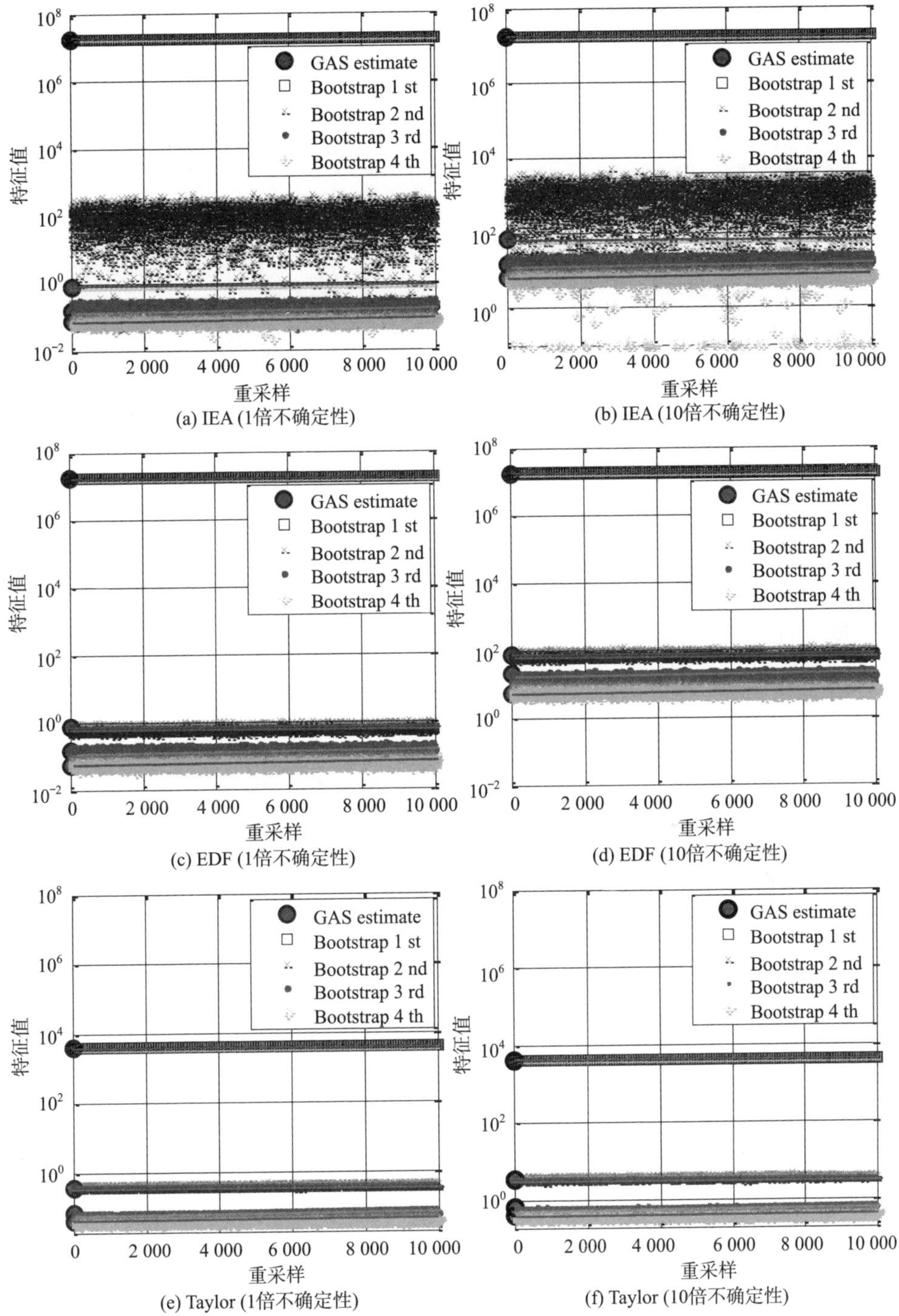

图 3-11　三种近似 GAS 估计的特征值比较

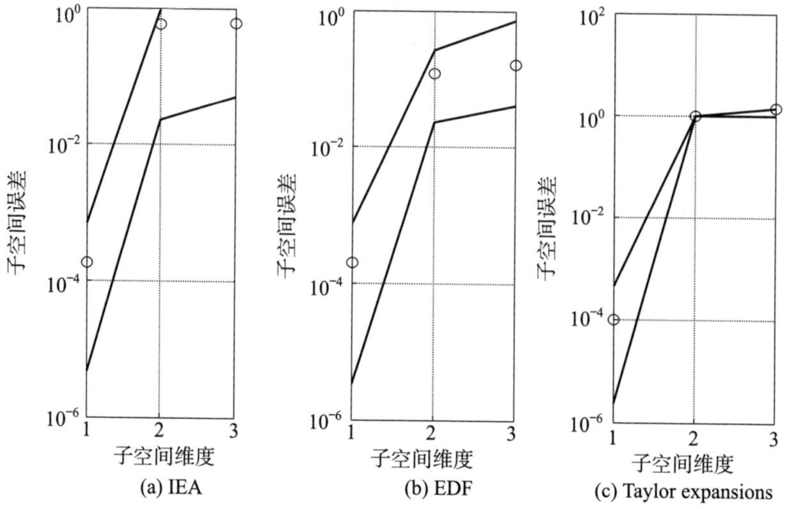

图 3-12　三种 GAS 近似子空间估计误差（实线表示边界，圆圈表示均值）

下面按一维降维空间进行传播模型构建与评价，在 MATLAB 中编程实现。随机选取三种设计情况见表 3-4，其中 x_3 为 17。基于显著性校验与交叉验证的评价方法，可以得出具有显著意义的一维线性近似传播，相关定量误差指标都很小，说明这种 GAS 传播分析法具有很好的分析精度。

表 3-4　不同设计情况的显著性校验与交叉验证结果

情况	μ_{xi} ,i = 1,2,4,5,6,7	R^2_{adj}	MAE	SDE	LOOCV 的 MAE	LOOCV 的 SDE
I	3,0.75,7.8,7.8,3.4,5.25	1	0.0268	0.0248	0.0309	0.0312
II	3,0.75,7.8,8.0,3.6,5.35	1	0.0174	0.0155	0.0193	0.0184
III	3.2,0.77,8,7.8,3.4,5.25	1	0.0233	0.0242	0.0264	0.0277

图 3-13（a）给出了降维空间的一维 ARSM 训练样本及拟合情况，三种设计情况按不同形状符号与线型表示，而图 3-13（b）揭示了全维 MCS 分析结果基本均位于拟合的一阶线性自适应响应面上，进一步验证了基于降维空间 ARSM 传播模型的精度。同时讨论了加权自适应响应面构造方法的效能，取某设计点 μ_x = [3.517 3，0.7，7.364，7.802，3.351 2，5.288]，分别设置不加权与加权情况，通过与全维 MCS 的约束可靠度值进行对比，见表 3-5，可以看出加权 ARSM 给出的 g_5 与 g_6 约束可靠度与真实情况更为接近，因此带可调项的加权 ARSM 方法对极限状态边界的拟合精度更好。

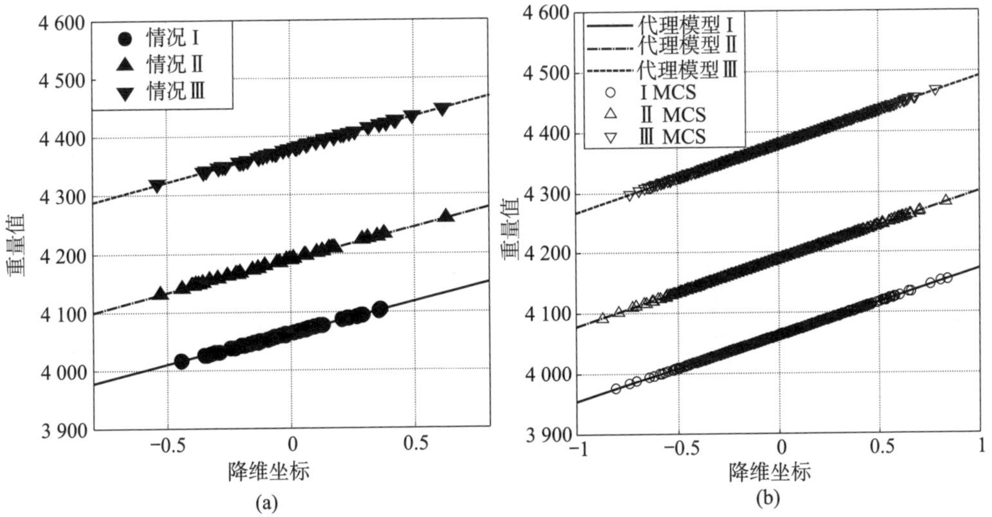

图 3－13　不同设计情况的自适应响应应面与 MCS 验证

表 3－5　加权与不加权 ARSM 给出的约束可靠度比较

约束可靠度	不加权 $\mu=0$	加权 $\mu=10$	加权 $\mu=20$	全维 MCS
$Bel\{g_1\leqslant 0\}$	1	1	1	1
$Bel\{g_2\leqslant 0\}$	1	1	1	1
$Bel\{g_3\leqslant 0\}$	1	1	1	1
$Bel\{g_4\leqslant 0\}$	1	1	1	1
$Bel\{g_5\leqslant 0\}$	0.638 0	0.677 0	0.660 5	0.659 6
$Bel\{g_6\leqslant 0\}$	0.673 0	0.666 0	0.670 5	0.669 2
$Bel\{g_7\leqslant 0\}$	1	1	1	1
$Bel\{g_8\leqslant 0\}$	1	1	1	1
$Bel\{g_9\leqslant 0\}$	1	1	1	1
$Bel\{g_{10}\leqslant 0\}$	1	1	1	1
$Bel\{g_{11}\leqslant 0\}$	1	1	1	1
最大偏差	3.27%	2.64%	0.194%	—

由此可以生成 AIRSM 模型，对概率-区间描述的混合不确定性进行降维传播，对比 1 倍与 10 倍不确定性水平情况，该算例区间关联指标 ξ 分别约为 2.5×10^{-4} 与 3.3×10^{-3}，AIRSM 模型具有较好的精度。CPF 与 CBF 结果如图 3－14 所示，三种 GAS 估计方法得到的 CPF 和 CBF 与 MCS 结果是一致的，在不确定性水平较低时均有较高的分析精度，在 10 倍不确定性水平时 CBF 仅存在少许偏差。因此，本书的混合不确定性降维传播分析法是有效

的，在较小不确定性条件下，精度较高，耗时的 UP 问题可以采用效率较高的 EDF 估计方法进行 GAS 降维传播，后续章节将对其作进一步探讨。

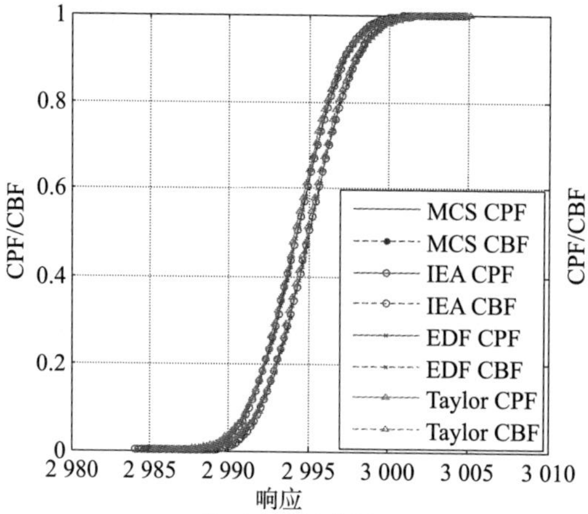

(a) 1倍不确定性传播

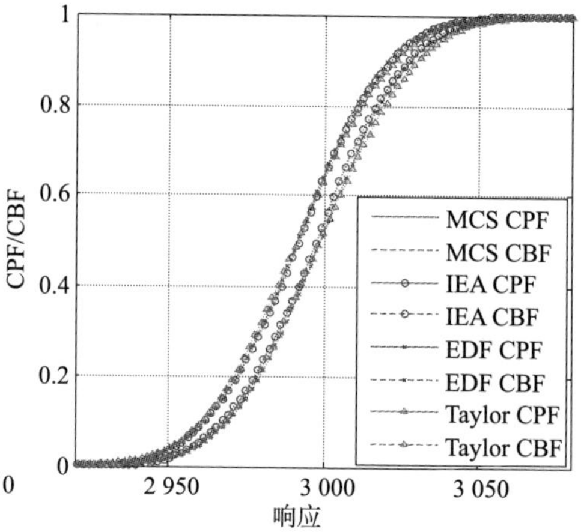

(b)10倍不确定性传播

图 3-14　不同方法估计的 CPF 和 CBF 曲线对比

3.4.2　极限情况分析算例

考虑一个三维输入参数的极限情况分析问题

$$P(x,y,z)\propto c\cdot\exp[-2(x-2)^2-0.5(y-4)^2-(z-5)^2] \tag{3-65}$$

其中，c 为常数。该算例代价函数 $f(x,\ y,\ z)=2(x-2)^2+0.5(y-4)^2+(z-5)^2$ 取最小时为极限情况，此时 x 、y 和 z 真实解的均值分别为 2、4 和 5。

下面分别采用穷举法、传统 MCMC 方法和本书降维贝叶斯推理方法求解该逆问题，其中穷举法样本数量为 10^6，传统 MCMC 的马氏链长度取为 10^5。假设该问题三个待求输入参数的初始先验信息按相对独立的均匀分布，即 $x\sim U(0,\ 10)$ 、$y\sim U(0,\ 10)$ 和 $z\sim U(0,\ 10)$ 。

按降维贝叶斯推理方法流程，首先识别该问题存在的活跃子空间，求得特征值与特征向量，拟合相应的自适应响应面模型。对 x 、y 和 z 随机采样 100 次，求得的特征值按降序排列如图 3-15（a）所示，可以发现第二个特征值与第三个特征值的间隔较大，因此 f 存在明显的二维活跃子空间，获得了活跃坐标与非活跃坐标，进而可以构建 ARSM 模型，如图 3-15（b）所示，利用此二次 ARSM 可以在降维空间进行 MCMC 计算，所得三个参数抽样游走如图 3－16 所示。

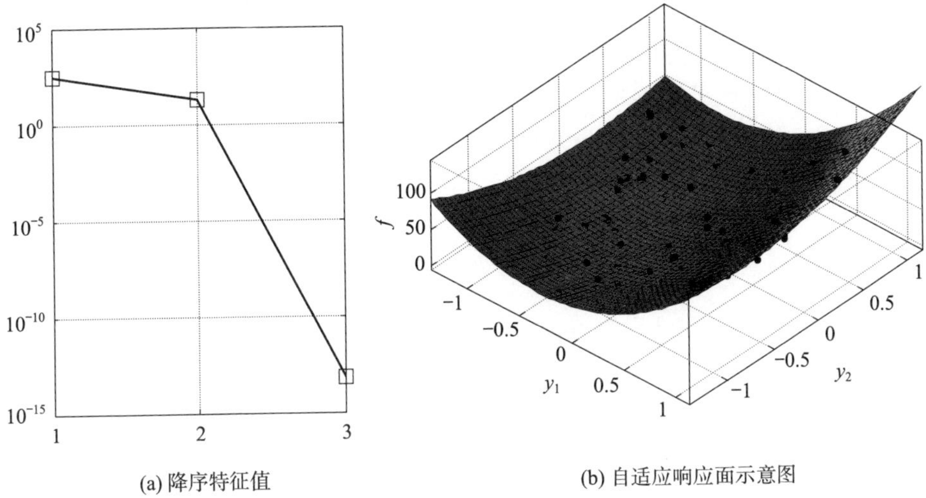

图 3－15　算例的活跃子空间降维情况

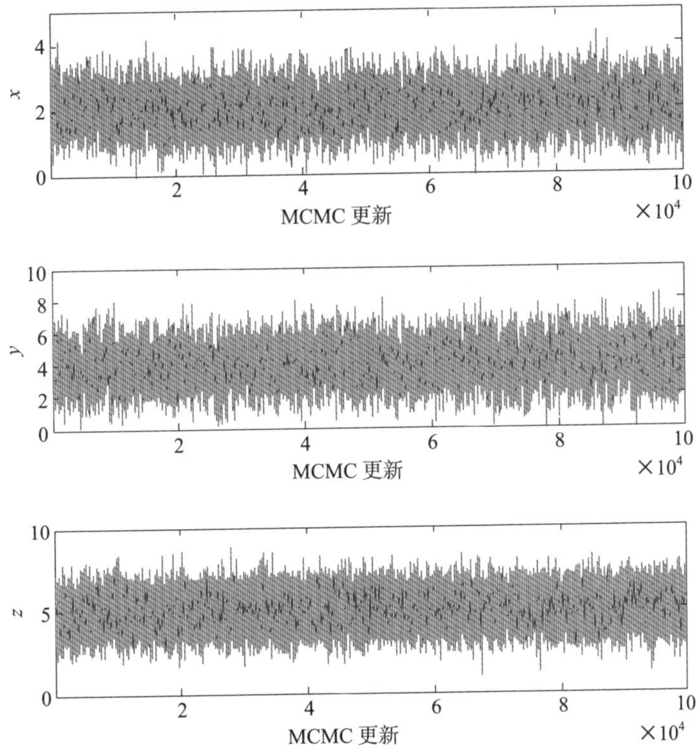

图 3－16　降维求解的三个参数抽样游走情况

根据所求三个输入参数的抽样游走情况，可以拟合出这三种方法分别求得的各输入参数的后验密度分布，如图 3-17 所示，每一列 $P(x \mid b)$、$P(y \mid b)$ 和 $P(z \mid b)$ 分别表示相应方法获得的边缘密度分布结果。可以看出，最大概率密度点均在真实解的均值附近。与前两种方法相比，本方法所得输入参数密度分布拟合结果的趋势与范围基本一致，误差较小。由此可见，本方法处理三维不确定性问题具有良好的计算精度。

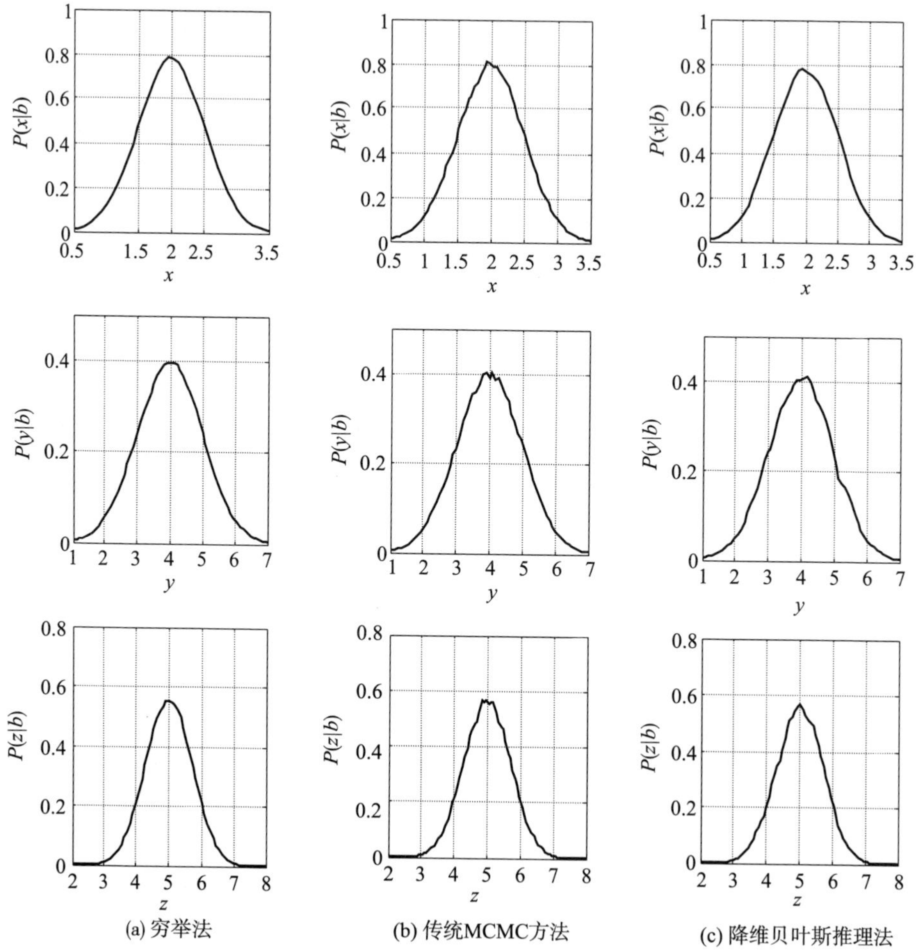

图 3-17　三个输入参数按不同方法的求解结果

第4章 不确定性密度匹配设计优化方法

OUU 近年来备受工程设计领域的关注，尤其是在飞行器设计领域，鉴于对高可靠性、强稳健性、低成本与低风险的迫切需求，需要在优化过程中考虑来自系统自身与所处环境及操作条件的大量不确定性。如结构不确定性优化[155]，包含模型假设误差、材料与加工公差带来的性能不确定性、操作过程结构受力的不确定性等。然而，当优化目标或约束个数大于3时[6]，OUU 的求解效率和精度的提高仍是亟待解决的问题。

OUU 一方面可以减轻系统响应对不确定性的敏感程度，以增强系统的稳健性；另一方面旨在保证系统可靠性，以减小失效概率。然而，现有 OUU 方法中目标函数与概率约束一般仅考虑低阶矩信息（如均值和方差），忽略了斜度与峰度等高阶矩信息，可能使输出目标出现较大的偏差，如图 4-1（a）中输出响应与全阶矩情况图 4-1（c）相比偏差较大，而图 4-1（b）与图 4-1（c）基本一致。此外，目前大多 OUU 方法通过标量化、加权和的方式将目标响应转为单目标处理，仅能获得单个设计解，且存在合理权重选取的问题，应用范围有限，无法获得非凸的 Pareto 最优前沿[98]。

为了解决上述 OUU 存在的问题，本章基于密度匹配优化思想，研究了基于目标分布信息的密度匹配设计优化方法，包括低阶矩信息与累积分布函数的匹配优化，给出了基于 GAS 降维求解的一般流程，重点探讨了不确定性多约束处理策略及多目标优化算法，以实现这类问题的有效求解。最后，采用一个函数匹配优化问题与 NASA 经典减速器优化问题验证了上述方法的有效性。

4.1 密度匹配设计优化基础

近年来，密度匹配（distribution matching 或 density matching）[156,157]作

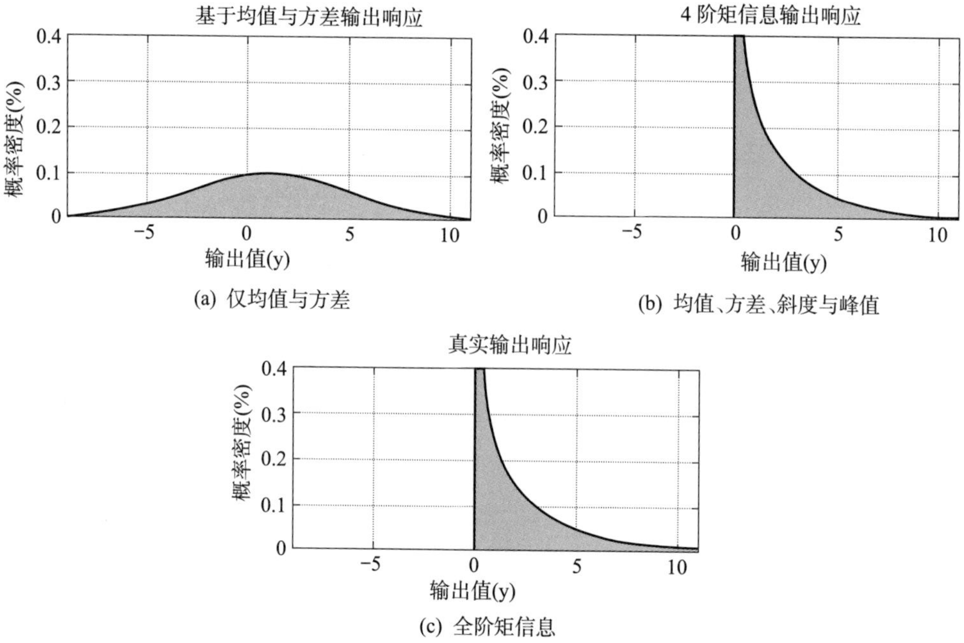

图 4-1　考虑不同输入阶矩信息的输出响应偏差

为一种新的参数估计思想出现并用于不确定性优化，其基本原理是最小化密度函数（或分布函数）的估计参数与真实参数的差距。设计者给定一个理想目标，然后通过设计寻优使得系统响应尽可能靠近这个理想目标。这种优化方法便于引入工程经验与专家知识，设计者可根据需要设定预期设计目标，从而充分挖掘设计潜力，尽可能优化效能。

假定 $f=f(\boldsymbol{x})$ 为所关心的系统响应，$\boldsymbol{x}=(\boldsymbol{d},\ \boldsymbol{p})^{\mathrm{T}}$ 包含 n 个设计变量不确定性与 m 个系统参数不确定性两部分。考虑混合不确定性情况，定义 s_d 为 $f(\boldsymbol{d},\ \boldsymbol{p})$ 的可信性密度函数，定义预期目标为 t：$\boldsymbol{R}\rightarrow\boldsymbol{R}_{+}$。因此，原优化问题可转化为寻找与 t 最接近的系统响应 s_d，相应优化函数为

$$d^{*}=\arg\min_{d\in\boldsymbol{D}}L(t,s_d) \tag{4-1}$$

其中，$L(\cdot,\ \cdot)$ 表示定义的距离度量。d^{*} 为设计域 $\boldsymbol{D}$ 中使 $L(\cdot,\ \cdot)$ 最小的设计点，即对应原问题的最优设计。这里 $L(t,\ s_d)$ 相对于替代的目标函数，体现出设计目标与预期目标的差距。该距离度量的选取显得尤为重要，为了利用梯度信息，不妨定义 $L(\cdot,\ \cdot)$ 为常用的 L_2 范数[158]

$$L(t,s_d)=\int_{-\infty}^{\infty}[t(f)-s_d(f)]^2\mathrm{d}f \tag{4-2}$$

即

$$L(t,s_d)=\int_{f_l}^{f_u}[t(f)-s_d(f)]^2\mathrm{d}f+\int_{-\infty}^{f_l}t(f)^2\mathrm{d}f+\int_{f_u}^{\infty}t(f)^2\mathrm{d}f \tag{4-3}$$

由于 t 是独立的，可忽略式（4－3）中的后两项。通常式（4－3）的直接积分是困难的，一般采用数值积分的方法，可以在 f 取值范围 $[f_l, f_u]$ 内考虑 N 点数值离散，相应离散点 $\overline{f}_i$ 的权重为 $w_i(i=1, 2, \cdots, N)$。优化函数离散为

$$L(t,s_d)\approx\hat{L}(t,s_d)=\sum_{i=1}^{N}[t_i(\overline{f}_i)-s_d(\overline{f}_i)]^2w_i=(\boldsymbol{t}-\boldsymbol{s_d})^{\mathrm{T}}\boldsymbol{W}(\boldsymbol{t}-\boldsymbol{s_d}) \tag{4-4}$$

$$\boldsymbol{W}=\begin{pmatrix}w_1 & & \\ & \ddots & \\ & & w_N\end{pmatrix},\boldsymbol{t}=\begin{pmatrix}t(\overline{f}_1)\\ \vdots \\ t(\overline{f}_N)\end{pmatrix},\boldsymbol{s_d}=\begin{pmatrix}s_d(\overline{f}_1)\\ \vdots \\ s_d(\overline{f}_N)\end{pmatrix} \tag{4-5}$$

s_d 一般来说是未知的，需要对设计变量 d 对应 f 的分布进行估计，可以基于这 N 个响应值利用 KDE 方法[159]获得。根据输入不确定性的分布情况，选取各点 $\{\xi_j\}$，即 $f_j(d)=f(d, \xi_j)$，$j=1, \cdots, M$。设 KDE 的核函数 $K(\cdot)$ 窗宽为 h，每一个 s_d 可以近似如下

$$s_d(f)\approx\hat{s}_d(f)=\frac{1}{M}\sum_{j=1}^{M}K[f-f_j(d)] \tag{4-6}$$

写成矩阵形式为

$$\boldsymbol{s_d}\approx\hat{\boldsymbol{s}}_{\boldsymbol{d}}=\boldsymbol{Ke},\boldsymbol{K}\in\boldsymbol{R}^{N\times M} \tag{4-7}$$

其中，$K_{ij}=\frac{1}{M}K(\overline{f}_i-f_j(d))$，$\boldsymbol{e}$ 是元素均为 1 的 M 维向量。进一步地，考虑 $\hat{L}$ 相对于设计变量 d 的梯度，有

$$\frac{\partial\hat{L}}{\partial d_k}=2(\boldsymbol{t}-\hat{\boldsymbol{s}}_{\boldsymbol{d}})^{\mathrm{T}}\boldsymbol{W}\frac{\partial\hat{\boldsymbol{s}}_{\boldsymbol{d}}}{\partial d_k} \tag{4-8}$$

$$\frac{\partial\hat{s}_d}{\partial d_k}=\frac{1}{M}\sum_{j=1}^{M}K'(f-f_j(d))\frac{\partial f_j}{\partial d_k} \tag{4-9}$$

其中，d_k 是设计变量向量中第 k 项，K' 是 KDE 核函数的导数，$\partial f_j/\partial d_k$ 是系统响应相对于 d_k 的偏导数。式（4－8）写成矩阵形式为

$$\nabla_d \hat{L} = 2(\boldsymbol{t} - \boldsymbol{Ke})^{\mathrm{T}} \boldsymbol{WK}' \boldsymbol{F}' \tag{4-10}$$

$$\boldsymbol{F}' = \begin{pmatrix} \partial f_1/\partial d_1 & \cdots & \partial f_1/\partial d_n \\ \vdots & \ddots & \vdots \\ \partial f_M/\partial d_1 & \cdots & \partial f_M/\partial d_n \end{pmatrix} \tag{4-11}$$

其中，$\boldsymbol{K}$，$\boldsymbol{K}'$ 和 $\boldsymbol{F}'$ 均取决于 $\boldsymbol{d}$，$\boldsymbol{K}$ 为 $N \times M$ 的矩阵。由于在密度匹配优化中梯度信息是可利用的，基于梯度的优化算法[160]是求解该优化问题的有利途径，将在 4.3 节予以详细讨论。

4.2 基于目标分布信息的匹配设计优化方法

基于密度函数匹配设计优化有一定的局限性，且要求其函数平方可积，本节将密度匹配设计优化拓展到对目标低阶矩信息（如均值）以及累积分布函数的匹配优化，形成基于目标分布信息的匹配设计优化方法。

4.2.1 基于目标低阶矩信息的匹配优化

整个目标密度函数进行密度匹配设计优化，往往计算量较大，当我们比较关心目标的均值、方差等低阶矩信息时，可以将可信性系统响应的低阶矩信息与给定理想目标进行匹配，来开展不确定性设计优化。如考虑目标均值最小情况，优化问题转化为

$$d^* = \arg\min_{d \in \boldsymbol{D}} L(\mu_t, \mu_{s_d}) \tag{4-12}$$

即

$$L(\mu_t, \mu_{s_d}) = (\mu_t - \mu_{s_d})^2 = \left(\mu_t - \frac{1}{M}\sum_{j=1}^{M} f(\boldsymbol{x}_j)\right)^2 \tag{4-13}$$

其中，$f(\boldsymbol{x}_j)$ 为目标函数的 M 个样本点对应的响应值，μ_t 为给定的理想目标均值。对于混合不确定性情况，$f(\boldsymbol{x}_j)$ 为目标函数可信性分布上的样本点响应值。进一步地，考虑 L 相对于设计变量的梯度，有

$$\frac{\partial L}{\partial d_k} = -\frac{2}{M}\left(\mu_t - \frac{1}{M}\sum_{j=1}^{M} f(\boldsymbol{x}_j)\right)\sum_{j=1}^{M}\frac{\partial f_j}{\partial d_k} \tag{4-14}$$

其中，d_k 是设计变量向量中的第 k 项。写成矩阵形式为

$$\nabla_d L = -\frac{2}{M}\left(\mu_t - \frac{1}{M}\boldsymbol{fe}\right)\boldsymbol{F}'\boldsymbol{e} \tag{4-15}$$

这里 $\boldsymbol{f}=(f_1,\ f_2,\ \cdots,\ f_M)$，$\boldsymbol{F}'=(\nabla_d f_1,\ \nabla_d f_2,\ \cdots,\ \nabla_d f_M)$，$\boldsymbol{e}$ 是元素均为 1 的 M 维列向量。此时优化结果无积分权重引入带来的误差，当 M 值足够大时，计算精度高，这在 4.3 节的优化求解策略中可以予以实现。

考虑目标响应方差最小情况，优化问题可以写为

$$d^* = \arg\min_{d\in \boldsymbol{D}} L(\sigma_t, \sigma_{s_d}) \tag{4-16}$$

即

$$L(\sigma_t, \sigma_{s_d}) = (\sigma_t - \sigma_{s_d})^2 = \left(\sigma_t - \sqrt{\sum_{j=1}^{M} \frac{[f(\boldsymbol{x}_j) - \mu_{s_d}]^2}{M-1}}\right)^2 \tag{4-17}$$

其中，σ_t 为给定的理想标准差。同理可推导式（4-17）的梯度形式。

对于有些稳健设计优化情况，优化问题亦可以写为

$$d^* = \arg\min_{d\in \boldsymbol{D}} \left[\frac{k_1}{w_1} L(\mu_t, \mu_{s_d}) + \frac{k_2}{w_2} L(\sigma_t, \sigma_{s_d})\right] \tag{4-18}$$

其中，k_1 和 k_2 为权重系数，w_1 和 w_2 为比例系数。上述优化问题均可采用本书 4.3 节的优化求解策略进行求解。

4.2.2　基于累积分布函数的匹配优化

在不确定性分析中，可以得到目标响应的累积分布函数 CDF，当混合不确定性影响时，考虑累积可信性分布函数 CBF，本节讨论直接基于累积分布函数进行目标匹配优化。

原优化问题可转化为寻找与理想分布函数最接近的目标分布函数，定义理想分布函数为 T：$\boldsymbol{R} \to [0,\ 1]$，$S_d$ 为 f 的累积可信性分布函数。相应优化函数为

$$d^* = \arg\min_{d\in \boldsymbol{D}} L(T, S_d) \tag{4-19}$$

即

$$L(T, S_d) = \int_{-\infty}^{\infty} L(T(f), S_d(f))^2 \mathrm{d}f \tag{4-20}$$

考虑 f 取值范围 $[f_l,\ f_u]$ 内进行 N 点数值离散，相应离散点 $\overline{f}_i$ 的权重为 $w_i (i=1,\ 2,\ \cdots,\ N)$。优化函数离散求解为

$$L(T, S_d) \approx \hat{L}(T, S_d) = \sum_{i=1}^{N} (T(\overline{f}_i) - S_d(\overline{f}_i))^2 w_i = (\boldsymbol{T} - \boldsymbol{S_d})^{\mathrm{T}} \boldsymbol{W} (\boldsymbol{T} - \boldsymbol{S_d}) \tag{4-21}$$

$$\boldsymbol{W}=\begin{pmatrix} w_1 & & \\ & \ddots & \\ & & w_N \end{pmatrix},\boldsymbol{T}=\begin{pmatrix} T(\overline{f}_1) \\ \vdots \\ T(\overline{f}_N) \end{pmatrix},\boldsymbol{S_d}=\begin{pmatrix} S_d(\overline{f}_1) \\ \vdots \\ S_d(\overline{f}_N) \end{pmatrix} \tag{4-22}$$

这 N 个目标累积分布值可以采用 KDE 方法获得，即 $\boldsymbol{S_d} \approx \hat{\boldsymbol{S}}_{\boldsymbol{d}}$ 。进一步地，考虑 $\hat{L}$ 相对于设计变量 d 的梯度，有

$$\frac{\partial \hat{L}}{\partial d_k}=2(\boldsymbol{T}-\hat{\boldsymbol{S}}_{\boldsymbol{d}})^{\mathrm{T}}\boldsymbol{W}\frac{\partial \hat{\boldsymbol{S}}_{\boldsymbol{d}}}{\partial d_k} \tag{4-23}$$

根据 CDF 与 PDF 的导数关系，由于 $\hat{s}_d=\frac{1}{M}\sum_{j=1}^{M}K[f-f_j(d)]$，有

$$\frac{\partial \hat{S}_d}{\partial d_k}=\frac{1}{M}\sum_{j=1}^{M}K\,[f-f_j(d)]\,\frac{\partial f_j}{\partial d_k} \tag{4-24}$$

相比密度函数匹配优化的梯度表述，式（4－24）更为简单，无需计算梯度项 K'，有利于提高计算效率。

此时式（4－24）写成矩阵形式为

$$\nabla_d \hat{L}=2(\boldsymbol{T}-\hat{\boldsymbol{S}}_{\boldsymbol{d}})^{\mathrm{T}}\boldsymbol{WKF}' \tag{4-25}$$

这里 $\boldsymbol{F}'$ 表达式同式（4－11）。基于累积分布函数的目标分布信息匹配优化，对离散型目标函数和连续型目标函数均可适用，而基于概率密度函数的匹配仅适用于连续、平方可积的目标函数，如对于 Cantor 分布存在 CDF 但不存在 PDF，因此基于目标分布信息的匹配优化适用范围更广。

由于累积分布函数具有区间［0，1］内单调不减的性质，还可以利用若干个离散分布值对应的响应值来近似表征密度匹配设计优化。例如，图 4－2 给出了在累积分布函数值取 $S_{d(k)}=\mathrm{Pr}_k$（如 $\mathrm{Pr}_k=0.2，0.4，0.6，0.8，1$）时目标响应的匹配情况。此时优化问题表达式为

$$\begin{aligned}\hat{L}_f(T,S_d)&=\sum_{k=1}^{N}(\mathrm{CDF_T}-\mathrm{CDF}_{S_d})\\&=\sum_{k=1}^{N}([f_k^{\mathrm{T}}:\mathrm{Pr}(t\leqslant f_k^{\mathrm{T}})=\mathrm{Pr}_k]-[f_k^{S_d}:\mathrm{Pr}(f\leqslant f_k^{S_d})=\mathrm{Pr}_k])\end{aligned} \tag{4-26}$$

其中，f_k^{T}、$f_k^{S_d}$ 分别为第 k 个累积分布值对应的理想目标、实际系统响应值，N 为 CDF 离散的累积分布值数量。对于混合不确定性情况，CDF_{S_d} 可按累积

可信性分布函数 CBF 进行计算。

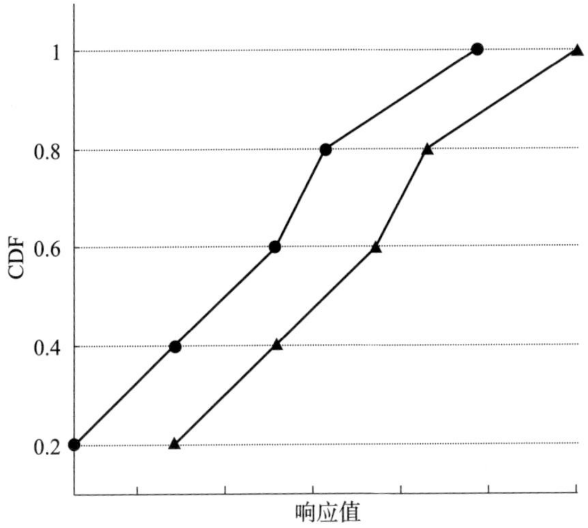

图 4-2　设计情况（三角）与理想情况（圆圈）离散分布值的目标响应匹配

4.3　不确定性密度匹配设计优化求解

不确定性密度匹配优化问题是典型的复杂双层嵌套问题。本节旨在研究匹配设计优化过程中的求解策略，首先讨论其 GAS 降维求解的一般流程，再重点考虑多约束、多目标情况，给出其约束处理方法和求解算法，从而实现不确定性密度匹配设计优化的有效求解。

4.3.1　基于 GAS 降维求解的一般框架

对于工程设计优化问题，目标函数或约束的梯度信息一般无法直接获得，需要运行多次耗时的程序仿真，其计算负担影响了优化过程的进行，同时由于复杂系统不确定性优化问题的维度较高，往往需要尽可能大的 M，才能准确近似 S_d 或 s_d。研究发现，可以对复杂系统进行 GAS 降维并构建传播模型，解决密度匹配优化中采样点数 M 尽可能大的计算效率问题，同时获取所需梯度信息。

本节给出了基于 GAS-ARSM 的约束密度匹配设计优化框架，如图 4-3 所示，主要包括 GAS-ARSM 传播分析、密度匹配、寻优算法以及约束处理等。该优化方法基本过程是首先对物理系统和涉及的不确定性进行建模，然后结合 GAS 降维与传播分析的研究，使得两级约束密度匹配设计效率提高，设计响应在满足各种约束条件时趋向预期的设计目标，最终收敛到可靠、稳健的最优解。

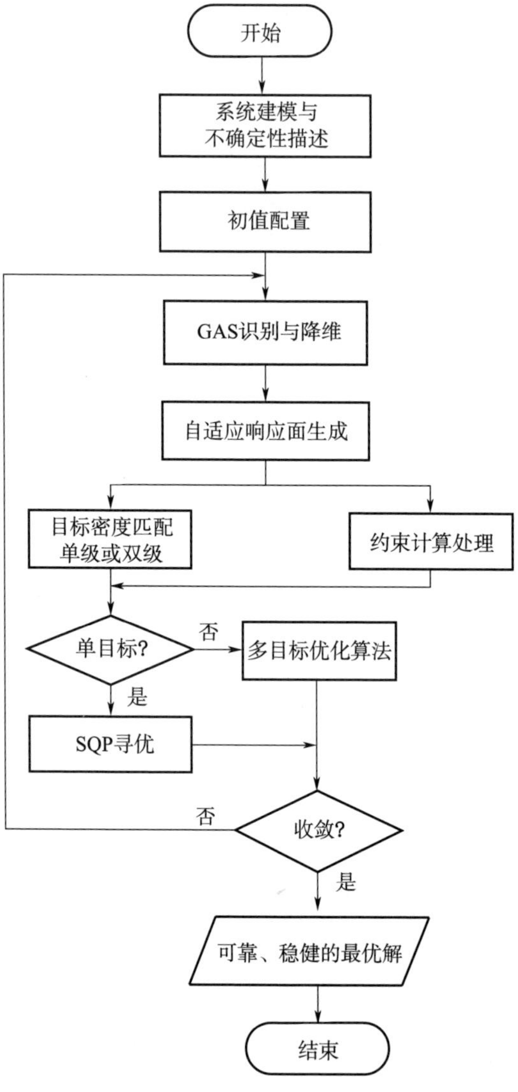

图 4-3　基于 GAS 降维的密度匹配优化流程

一般流程如下：

1）对物理系统和涉及的不确定性进行建模，描述设计变量不确定性 $\boldsymbol{d}$ 与

系统参数不确定性 $\boldsymbol{p}$。

2）设计变量初值选择，初始点的配置可以结合具有全局搜索能力的多岛遗传算法[161]等进化算法。实际应用中有时也运行若干次不同初值情况下的梯度优化过程，以获得相对较好的优化解。

3）按当前设计点与不确定性分布，进行广义活跃子空间识别与降维。

4）在降维空间构建自适应响应面开展不确定性传播分析，获得目标与约束响应。

5）对目标响应进行密度匹配设计，给定积分点数 N 与 KDE 样本数 M，约束响应采用可靠性分析、多约束罚函数等策略进行有效处理。

6）进行带约束优化，设定优化最大迭代次数，对于单目标情况，采用基于梯度的寻优算法，如序列二次规划（Sequential Quadratic Program，SQP）[162]；对于多目标情况，采用 4.3.3 节的不确定性多目标联盟算法。

7）判断优化解收敛性，若优化解满足收敛性要求，则优化终止；若不满足收敛性要求，则更新设计点，重复 3）～7）步骤，直到收敛为止。

8）算法收敛或迭代次数达到设定最大次数时，输出最优解。

有时为了使系统响应更好地找到理想目标，需要设计两级 KDE 窗宽，即在第一级选取较大的窗宽；在第二级选择较小的窗宽并进行更多优化迭代，以更好的精度获得最优设计。其中第一级 KDE 窗宽不妨取 $h=(f_u-f_l)/8$，第二级 KDE 较小的最优窗宽按积分均方误差最小准则[163]，有

$$h_{opt}=\left(\frac{R(K)}{MR(s_d'')\left(\int f^2 K\mathrm{d}f\right)^2}\right)^{1/5} \tag{4-27}$$

其中，函数 $R(\varphi)=\int \varphi^2(f)\,\mathrm{d}f$。特别地，对于高斯响应情况[164]，$h_{opt}=\left(\frac{4}{3M}\right)^{1/5}\sigma$。

下面重点探讨多约束处理与多目标求解问题。

4.3.2　多约束动态罚函数法

对于确定性约束，即不确定性对约束没有影响的情况，比较容易解决，但一般不确定性优化问题均需要考虑不确定性下的约束分布，此时对于多约束情况（>3）可能不满足线性组合关系，且耦合相关性系数难以求解，

计算量巨大。一种有效的多约束处理策略是探讨基于约束满足程度的动态罚函数。

针对多约束不确定性优化，提出了一种基于约束强度的动态罚函数法。罚函数法由于简单、有效而广泛应用[165]，核心思想是将带约束优化问题通过施加惩罚的方式，转化为无约束优化问题解决。但在实际应用中关键的惩罚系数难以选择，如果惩罚项太大，容易进入可行域，搜寻其他潜在价值区域的能力较差；而如果惩罚项太小，惩罚值相比目标值较小，无法起到惩罚效果，导致在非可行域花费更多时间。

对于可靠性约束优化问题，定义设计解违反约束条件的程度函数 $v_i(\boldsymbol{x})$ 为

$$v_i(\boldsymbol{x}) = \max\{0, \eta_i - \mathrm{Bel}\{g_i(\boldsymbol{x}) \leqslant 0\}\}, i = 1, \cdots, l \tag{4-28}$$

这里 l 为约束个数。若第 i 个约束的概率 $\mathrm{Bel}\{g_i(\boldsymbol{x}) \leqslant 0\}$ 没达到可靠度 η_i 的要求，则有 $v_i(\boldsymbol{x}) > 0$ 且 $v_i(\boldsymbol{x})$ 的值越大说明违背约束的程度越高；而若设计解使得该不确定性约束的概率达到可靠度 η_i 要求，显然有 $v_i(\boldsymbol{x})=0$，即为可行解。

进一步地，需要基于惩罚项构造惩罚的适应度函数，定义如下

$$\widetilde{L} = L \cdot 10^{\sum_{i=1}^{l} k_i(\boldsymbol{x}) v_i(\boldsymbol{x})} \tag{4-29}$$

其中，惩罚系数为指数型，$k_i(\boldsymbol{x}) = 10^{V_i/M}$，$V_i$ 为相应第 i 个约束的违背次数，M 为积分点数。这里当设计解为满足所有约束的可行解时，惩罚适应度函数值 $\widetilde{L} = L$；而当设计解违背某个或某几个约束时，将按违背程度进行适应性惩罚。通过统计约束的违反次数，来判定约束强弱。更大的惩罚值将赋给更强的约束，从而引起目标函数的更大改变，这也对可行解与不可行解的有效甄别起到了更好的作用。

若 d^* 是 $\min \widetilde{L}(T, S_d)$ 的最优解且 $d^* \in D$，d^* 也是 $\min\limits_{d \in \boldsymbol{D}} f(\boldsymbol{x})$ 的最优解。由于 $d^* \in D$ 时，对于 $i=1, \cdots, l$，$v_i(\boldsymbol{x})=0$，有 $\widetilde{L}_{d^*} = L_{d^*}$，因此使匹配距离度量尽可能小的 d^*，也会使目标函数 f 尽可能靠近预期目标，取得最优解。这个多约束动态罚函数很好地处理了惩罚项与目标函数的关系，可以避免出现过约束、欠约束情况，使得在优化前期易于开展可行解的搜寻，在优化后期满足各约束情况下达到最优。式（4-29）能够将所有约束的影响有效集成为一个，大幅度简化了多约束处理过程，提高了优化过程效率，其

精度将在后续测试算例与应用案例中进行验证。

4.3.3　不确定性多目标优化算法

目前，工程设计由单一追求性能转向追求性能、成本、可靠性和稳健性等方面的综合平衡，如在航天器结构设计中需要最小化质量、最大化刚度等，加上大量不确定性因素影响，由此带来了不确定性多目标优化问题[166]（Uncertainty - based Multi - Objective Optimization Problem，UMOOP）。UMOOP 的不同目标是相互竞争、耦合变化的，只能在各个目标之间进行协调和折中。最优解不仅要满足约束条件的要求，还要在相对矛盾的几个目标之间按设计者需求权衡，此时传统的设计优化方法很难对其有效求解。

4.3.3.1　不确定性多目标优化问题

假设 UMOOP 包含一个 k 维优化目标函数 $\boldsymbol{f}(\boldsymbol{x})$ 对应的距离度量集 $\boldsymbol{L}(\boldsymbol{x})$，以最小化问题为例，基于密度匹配度量将其描述为如下数学模型

$$\begin{cases}\text{Given } \boldsymbol{t} \\ \text{find } d^{*} \\ \min \boldsymbol{L}(\boldsymbol{x})=(L_1(\boldsymbol{x}),L_2(\boldsymbol{x}),\cdots,L_k(\boldsymbol{x}))^{\mathrm{T}} \\ \text{s. t. Bel}\{\boldsymbol{g}(\boldsymbol{x})\leqslant 0\}\geqslant \boldsymbol{\eta} \\ \boldsymbol{\mu}_{\boldsymbol{d}}^{\mathrm{L}}\leqslant \boldsymbol{\mu}_{\boldsymbol{d}}\leqslant \boldsymbol{\mu}_{\boldsymbol{d}}^{\mathrm{U}} \\ \text{where } \boldsymbol{x}=(\boldsymbol{x}_a,\boldsymbol{x}_e)\end{cases} \tag{4-30}$$

其中，$L_i(\boldsymbol{x})$ 表示第 i 个目标函数进行密度匹配设计的距离度量，目标向量 $\boldsymbol{L}(\boldsymbol{x})$ 的最优性对应了 $\boldsymbol{f}(\boldsymbol{x})$ 的最优设计取值。对于任意目标向量 $\boldsymbol{u}$ 和 $\boldsymbol{v}$，其比较关系如下：

$\boldsymbol{u}=\boldsymbol{v}$：当且仅当 $\forall i\in\{1,2,\cdots,k\}$ 有 $L_{u_i}=L_{v_i}$；

$\boldsymbol{u}\leqslant\boldsymbol{v}$：当且仅当 $\forall i\in\{1,2,\cdots,k\}$ 有 $L_{u_i}\leqslant L_{v_i}$；

$\boldsymbol{u}<\boldsymbol{v}$：当且仅当 $\forall i\in\{1,2,\cdots,k\}$ 有 $L_{u_i}\leqslant L_{v_i}$ 且 $\boldsymbol{u}\neq\boldsymbol{v}$。

类似的，可以定义目标向量之间的“>”和“⩾”的比较关系。

对于任意两个设计变量 $\boldsymbol{d}_1$ 和 $\boldsymbol{d}_2$；

$\boldsymbol{d}_1<\boldsymbol{d}_2$（$\boldsymbol{d}_1$ 优超 $\boldsymbol{d}_2$）：当且仅当 $\boldsymbol{L}(\boldsymbol{d}_1)<\boldsymbol{L}(\boldsymbol{d}_2)$；

$\boldsymbol{d}_1\leqslant\boldsymbol{d}_2$（$\boldsymbol{d}_1$ 弱优超 $\boldsymbol{d}_2$）：当且仅当 $\boldsymbol{L}(\boldsymbol{d}_1)\leqslant\boldsymbol{L}(\boldsymbol{d}_2)$；

$\boldsymbol{d}_1\sim\boldsymbol{d}_2$（$\boldsymbol{d}_1$ 与 $\boldsymbol{d}_2$ 无差异）：当且仅当 $\boldsymbol{L}(\boldsymbol{d}_1)>\boldsymbol{L}(\boldsymbol{d}_2)\cap\boldsymbol{L}(\boldsymbol{d}_2)>\boldsymbol{L}(\boldsymbol{d}_1)$。

称设计变量 $\boldsymbol{d} \in \boldsymbol{D}_f$ 对于集合 $\Omega \subseteq \boldsymbol{D}_f$ 非劣，当且仅当不存在 $\boldsymbol{a} \in \Omega$ 使得 $\boldsymbol{a} < \boldsymbol{d}$ 。若 $\boldsymbol{d}$ 对于 $\boldsymbol{D}_f$ 非劣，则称 $\boldsymbol{d}$ 是 Pareto - Optimal（PO）解，亦称非劣解。

若 $\Omega \subseteq \boldsymbol{D}_f$，则 Ω 中所有 PO 解组成的集合

$$\boldsymbol{D}^* = p(\Omega) = \{\boldsymbol{d} \in \Omega \mid \boldsymbol{d} \text{ 是 } \Omega \text{ 的非劣解}\} \tag{4-31}$$

称为 Ω 的 Pareto 最优集、PO 解集或非劣解集，它在目标函数空间的象 $\boldsymbol{f}(\boldsymbol{D}^*)$ 称为 Ω 的 Pareto 最优前沿（Pareto Front，PF），如图 4 - 4 所示。

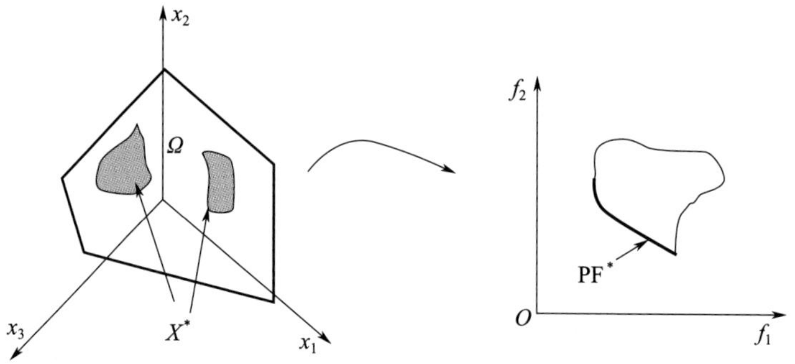

(a) PO最优解　　(b) 二维PF

图 4 - 4　PO 解集和 Pareto 最优前沿示意图

4.3.3.2　基于动态罚函数的多目标联盟算法

传统多目标优化方法一般将多目标问题转换为单目标优化问题求解，如加权法是对多个目标进行线性加权求和，缺陷在于当 PF 非凸时，无法求出所有的 PO 解，且需要对多目标问题本身有比较深入的了解，然后人为地选择一些很重要的参数，也限制了加权法的应用。此外，为了获得 PO 解集，传统方法需要多次求解单目标优化问题来近似，优化过程相对独立，计算成本高。

进化算法（Evolutionary Algorithms，EA）[167]是对整个群体进行进化操作，着眼于个体的集合，更适合 UMOOP 的求解。Valerio[168,169]等提出了基于种群进化与协作的联盟算法（Alliance Algorithm，AA），其种群生成与联盟形成分别遵循式（4 - 32）与式（4 - 33），通过将约束处理为一组资源要求 $\boldsymbol{r}_t$， 在确定性设计优化且约束个数较少时，具有较好的优化效果。

$$\begin{cases}\text{if } p_1 \leqslant P_1 : \boldsymbol{d}_t = \boldsymbol{b}_r \\ \text{if } p_1 > P_1 \cap p_2 \leqslant P_2 : d_{t,j} = G(b_{r,j}, \sigma) \\ \text{if } p_1 > P_1 \cap p_2 > P_2 : d_{t,j} = b_{r,j}\end{cases} \tag{4-32}$$

这里 G 表示高斯分布，p_1 与 p_2 是 0 和 1 之间的随机变量，P_1 与 P_2 是 0 和 1 之间的概率系数，r 是 0 与 N_P 之间的随机整数，N_P 为 PO 解的数量，$b_{r,j}$ 是第 r 个 PO 解对应的第 j 个设计变量。此种群元素产生过程反复进行，直到生成整个种群。其中 $\sigma = \frac{\sigma_{\text{end}}^{(N_c/N_{\text{tot}})}}{\sigma_{\text{ini}}}$ 根据优化进程自适应调整，σ_{ini} 是初始标准偏差，σ_{end} 是终止标准偏差，N_c 是前一个循环的迭代次数，N_{tot} 是优化过程总的迭代次数。在优化初期为了保证搜索的多样性，σ 一般较大；而在后期为确保低多样性下的有效收敛，σ 取值自动变小。

在联盟形成过程，$\boldsymbol{d}_a$ 的元素由来自联盟中的种群构成，这一过程类似于遗传算法的均匀交叉[167]，不同之处在于形成联盟的种群数量是可变的，其他种群可以加入已建立的联盟，因而 $\boldsymbol{d}_a$ 遵循下式

$$\begin{cases}\text{if } p_3 \leqslant P_3 : d_{a,j} = G(d_{c,j}, \sigma_a) \\ \text{if } p_3 > P_3 : d_{a,j} = d_{c,j}\end{cases} \tag{4-33}$$

其中，$c = U_d(1,\ N_a)$ 是 1 与 N_a 之间的整数均匀分布，$d_{c,\,j}$ 是所选种群的第 j 个设计点元素，p_3 是 0 和 1 之间的随机变量，P_3 是 0 和 1 之间的概率系数。所有联盟的元素都可以通过式（4－33）进行更新。

但在多约束多目标 UBDO 中，上述联盟算法效率较低，约束处理困难。鉴于以上缺陷，本书以动态罚函数作为适应度函数，给出了一种自适应的不确定性多目标联盟算法（Uncertainty－based Multi－Objective Alliance Algorithm，UMOAA），无需考虑资源要求。一方面该动态罚函数基于约束满足程度的高低来计算适应度函数，可以合理有效地控制不确定性目标响应，获得较好的优化效果；另一方面通过将所有约束的影响有效集成为一个，大幅度简化了多约束处理过程，提高了优化问题求解效率。

这种 UMOAA 方法是由设计点、不确定性目标响应等构成的种群去竞争一个可供生存空间，能够最后生存下来的种群即是 PO 解集。一个种群 t 是一个元组 $[\boldsymbol{d}_t,\ \boldsymbol{s}_t,\ \boldsymbol{a}_t]$，由一个解空间的设计点 $\boldsymbol{d}_t$、一组生存技能 $\boldsymbol{s}_t$ 和一个联盟向量 $\boldsymbol{a}_t$ 组成。$\boldsymbol{s}_t$ 取决于优化目标度量 $\boldsymbol{L}$ 与约束 $\boldsymbol{g}$，其分量表达式定义为

$$s_{t,i} = \widetilde{L}_i(\boldsymbol{x}_t),\ i = 1, 2, \cdots, k \tag{4-34}$$

$$\mathrm{fitness}(\boldsymbol{d}_t)=\widetilde{L}_i=L_i\cdot 10^{\sum_{j=1}^{l}k_j(\boldsymbol{x})v_j(\boldsymbol{x})} \tag{4-35}$$

其中，k 是优化目标个数，l 是约束个数，k_j、v_j 是与各约束 $\boldsymbol{g}$ 相关的惩罚因子，$\widetilde{L}_i$ 作为自适应度函数可以很好地评价第 i 个目标优化结果的好坏。个体的适应度值反映了这个个体的生存技能，好的适应度函数可以让好的个体有更强的生存能力，使得更靠近 PF 的设计解被保留下来。

该算法基本过程如图 4－5 所示。当生存空间中最强联盟建立时，一个 UMOAA 循环结束；然后 UMOAA 开始一个新的循环，其中新的种群由最强联盟决定产生；以此循环，直至收敛。计算流程如下：

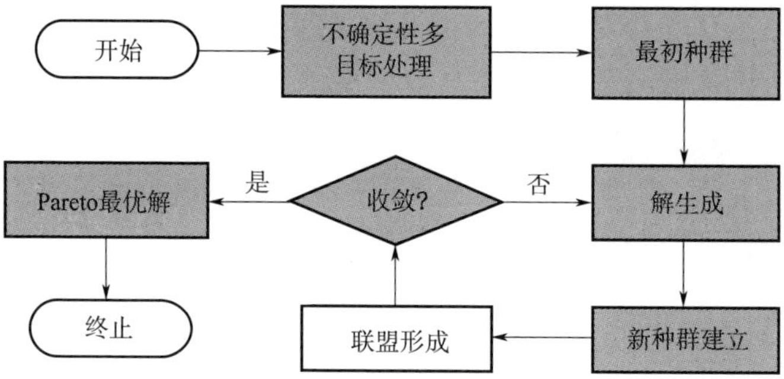

图 4－5　UMOAA 流程示意图

步骤 1：设定种群大小、目标自适应度函数及最大迭代次数 N_{tot}，由初始设计点形成最初种群，令当前迭代次数为 1；

步骤 2：按式（4－32）生成新的设计点，同时设计变量不确定性随之更新，进而建立新的种群；

步骤 3：在当前种群中按式（4－33）进行交叉操作，判断该联盟种群的生存技能是否优超于 $\boldsymbol{s}_t$，以此循环，不断确立新的联盟，直到形成当前最强联盟；

步骤 4：检验当前联盟是否具有最强的生存能力，当最强联盟建立时循环结束，迭代次数加 1，重复步骤 2～4；

步骤 5：算法收敛或迭代次数达到设定最大次数时，输出最优解。

一个新联盟的形成当且仅当 $\boldsymbol{d}_a$ 的适应度值不差于 $\boldsymbol{d}_t$，即非劣，以此通过迭代循环，不断确立新的联盟，但只有最强的联盟才可以生存下来。这些联盟对应的种群即对应于问题的当前最优解集，进而作为下一次 UMOAA 循环的输入或者算法结束时的输出结果。一般给定 N_P 控制 PO 解的数目，以10～100 为宜，数目太多会影响 PO 解的精度与求解效率，而数目太少则无法获得足够的 PO 解来拟合 PF。UMOAA 的主要控制参数及推荐参数值见表 4-1。这种算法可以有效解决约束罚因子的选取问题，而且最大程度地保留了联盟算法原有的优点，增强了多目标联盟算法的适用性。

表 4-1　UMOAA 算法控制参数

控制参数	参数值
种群数量	6～10
种群产生概率 1（P_1）	0.5
种群产生概率 2（P_2）	0.2
初始标准偏差（σ_{ini}）	0.3
终止标准偏差（σ_{end}）	0.001
联盟建立概率 3（P_3）	0.3
联盟建立标准偏差（σ_a）	0.1
最大 PO 解数量（N_P）	10～100

4.4　算例测试

4.4.1　函数匹配优化问题

考虑一个简单的响应函数

$$f(d,p)=dp+0.5 \tag{4-36}$$

其中，$d \in R^+$ 类似一个设计变量，p 是一个标准正态分布的不确定性变量。因此，f 是一个以 0.5 为均值、d 为标准偏差的正态随机变量。如式（4-37）所示，优化目标是满足约束条件下找到使得 L 距离度量最小的最优设计 d^*，其中 L 描述系统响应分布与给定均值分布的差距。该优化问题表述如下

$$\begin{cases} \text{find } d^* \\ \min L[t(f),s_d(f)] \\ \text{s. t. } \Pr\{f \geqslant 0\} \geqslant 0.95 \\ 0 \leqslant d \leqslant 1 \end{cases} \tag{4-37}$$

$$s_d(f)=\frac{1}{\sqrt{2\pi}d}\exp\left[\frac{-(f-0.5)^2}{2d^2}\right] \tag{4-38}$$

$$t(f)=\begin{cases}1, & f\in[0,1]\\0, & 其他\end{cases} \tag{4-39}$$

即目标函数为

$$L(t,s_d)=\int_0^1(1-s_d(f))^2\mathrm{d}f+\int_{-\infty}^0 s_d(f)^2\mathrm{d}f+\int_1^\infty s_d(f)^2\mathrm{d}f \tag{4-40}$$

同理可以基于本书提出的 CDF 匹配设计优化方法，按式（4－19）给出该优化问题的表述。

图 4－6（a）、（b）分别表示基于 PDF、CDF 的密度匹配寻优及最终目标响应结果，可以发现二者均能获得最优设计为 $d^*=0.3039$，与真实解一致。对比二者的最终目标响应，实线分布为给定的理想目标，虚线分布为系统响应，曲线下方的阴影区域面积表示目标函数距离度量大小，可以看出这两种密度匹配优化结果都很逼近理想目标，对于该单变量、单约束优化算例均取得了较好的最优解，下面将结合积分点数与 KDE 样本数对这两种匹配设计优化方法作进一步探讨。

进一步地，测试不同积分点数对该优化方法效能的影响，即考核密度匹配优化结果的精度，见表 4－2。考虑小数点后四位的精度，可以发现已知响应函数情况下最优设计是比较容易找到的，而目标最小距离 L 的精度在积分点数大于 1 000 时才能保证，其中 CDF 匹配优化所需积分点数更少，因此基于累积分布进行匹配设计优化具有更好的计算效率。

另一方面，为了测试不同 KDE 样本数对密度匹配结果的影响，式（4－40）中的解析积分项用 KDE 代替，结合积分点数、KDE 样本数的变化，分别进行了数次基于 PDF 或 CDF 的密度匹配优化，优化结果见表 4－3。结果表明，相比 PDF 匹配，基于 CDF 的匹配优化更容易收敛到真实的最优设计点，当样本数足够大（$\geqslant 10^5$）时，KDE 能使其 CDF 匹配设计优化具有足够高的精度。样本数量的增多势必会带来计算负担，在实际操作中可以通过 GAS－ARSM 方法来实现计算。

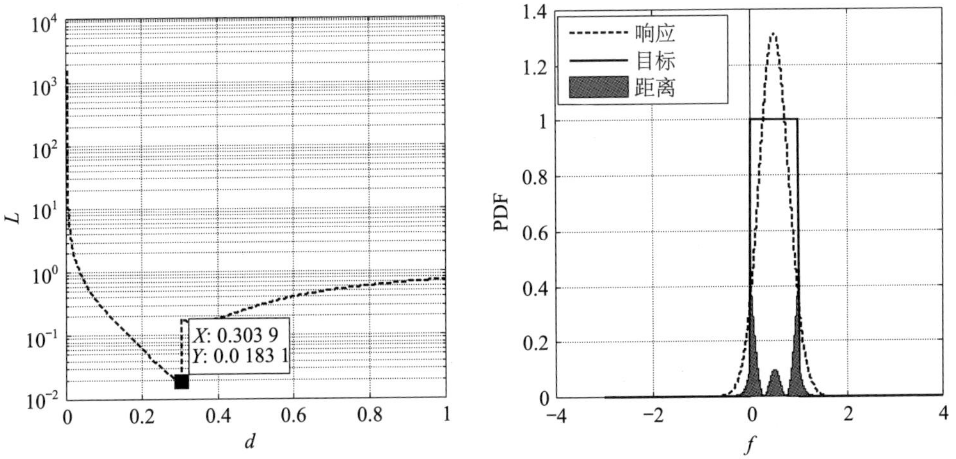

(a) 基于PDF的密度匹配寻优及最终目标响应

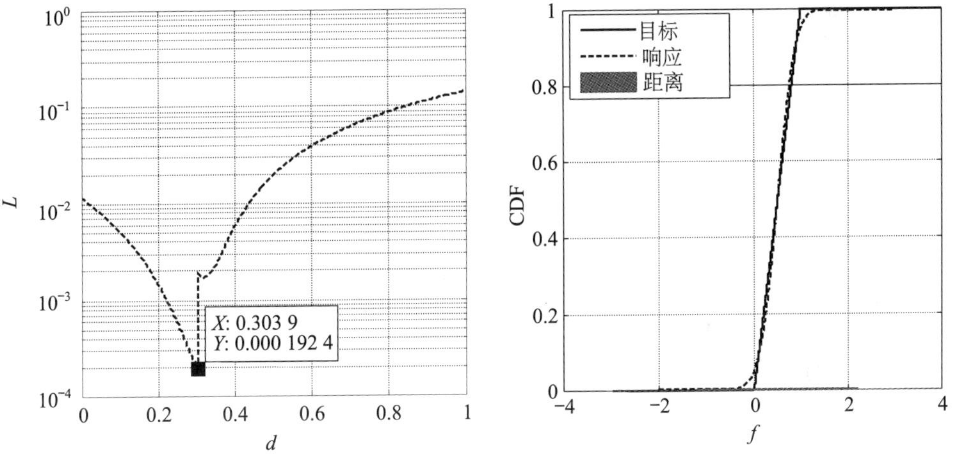

(b) 基于CDF的密度匹配寻优及最终目标响应

图 4-6　算例不同密度匹配设计优化结果

表 4-2　不同积分点数对 PDF 与 CDF 匹配优化结果的影响

积分点数	PDF 匹配		CDF 匹配	
	d^*	最小距离	d^*	最小距离(10^{-3})
100	0.303 9	0.020 72	0.303 9	0.195 0
1 000	0.303 9	0.018 34	0.303 9	0.192 3
10 000	0.303 9	0.018 31	0.303 9	0.192 4
100 000	0.303 9	0.018 30	0.303 9	0.192 4

表 4-3 不同 KDE 样本数与积分点数时密度匹配优化结果

		PDF 匹配		CDF 匹配	
KDE 样本数	积分点数	d^*	最小距离	d^*	最小距离(10^{-3})
10^4	100	0.301 2	0.020 73	0.301 5	0.197 3
	1 000	0.301 7	0.017 65	0.303 2	0.175 9
	10 000	0.300 4	0.017 87	0.302 3	0.181 5
10^5	100	0.303 2	0.017 77	0.303 6	0.188 0
	1 000	0.303 4	0.021 10	0.303 8	0.191 5
	10 000	0.303 5	0.018 06	0.303 9	0.191 8
10^6	100	0.303 8	0.020 46	0.303 9	0.195 2
	1 000	0.303 9	0.018 35	0.303 9	0.192 5
	10 000	0.303 9	0.018 31	0.303 9	0.192 4

4.4.2 减速器优化问题

对于 3.4 节的减速器设计优化问题，其 11 个约束的可靠度不妨均设为 99%，x_4 与 x_5 为区间表示的认知不确定性，根据基于 CBF 的密度匹配设计优化，此优化问题表达式为

$$\begin{cases}\text{find } d^* = (\mu_{x_1} \quad \mu_{x_2} \quad x_3 \quad \overline{x}_4 \quad \overline{x}_5 \quad \mu_{x_6} \quad \mu_{x_7})^{\mathrm{T}} \\ \min L[T(f), S_d(f)] \\ \text{s. t. Bel}\{g_i \leqslant 0\} \geqslant 99\%, 1 \leqslant i \leqslant 11 \\ \quad 2.6 \leqslant \mu_{x_1} \leqslant 3.6, 0.7 \leqslant \mu_{x_2} \leqslant 0.8, 17 \leqslant x_3 \leqslant 28, 7.3 \leqslant \overline{x}_4 \leqslant 8.3 \\ \quad 7.3 \leqslant \overline{x}_5 \leqslant 8.3, 2.9 \leqslant \mu_{x_6} \leqslant 3.9, 5.0 \leqslant \mu_{x_7} \leqslant 5.5 \\ \text{where } S_d = \mathrm{CBF}_f, \boldsymbol{x} = (\boldsymbol{x}_a, \boldsymbol{x}_e)\end{cases} \tag{4-41}$$

其中，f 与 g_i 的表达式见式（3-64）。考虑到该问题约束个数较多，采用 4.3.2 节的动态罚函数法对这些约束进行有效处理。

密度匹配优化中目标响应按累积可信性分布函数 CBF 或相应 PDF，密度匹配优化结果如图 4-7、图 4-8 所示。此时可信性预期目标定义为均值 3 000、标准偏差 2.0 的高斯分布。图 4-6（a）和（b）中虚线分布分别表示优化后最终目标函数响应的可信性 PDF、CBF，可以看出两种密度匹配优化结果均与预期目标的距离较小，相比 PDF 匹配情况，CBF 匹配设计优化的结

果更优，且最终目标函数均值与标准偏差更小。

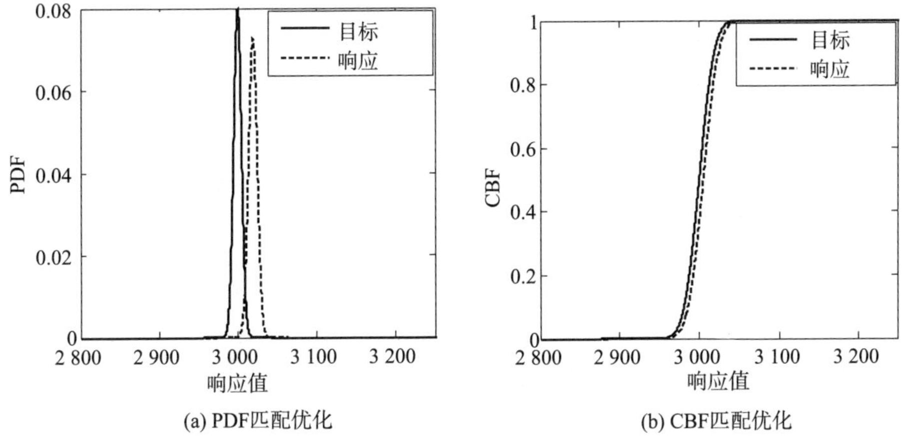

图 4－7　不同密度匹配优化的最终目标响应

进一步地，从图 4－8 可以看出两种匹配优化过程的收敛情况，CBF 匹配优化经过较少的迭代次数（～110）即找到预期目标；而 PDF 匹配优化需要约 140 次迭代，目标匹配结果才收敛，说明本书基于累积分布函数的匹配优化方法对于非线性、多约束不确定性优化，具有很好的寻优效率。下面通过对比确定性优化、传统非线性约束优化以及改变动态罚函数的形式，进一步验证本书提出的方法。

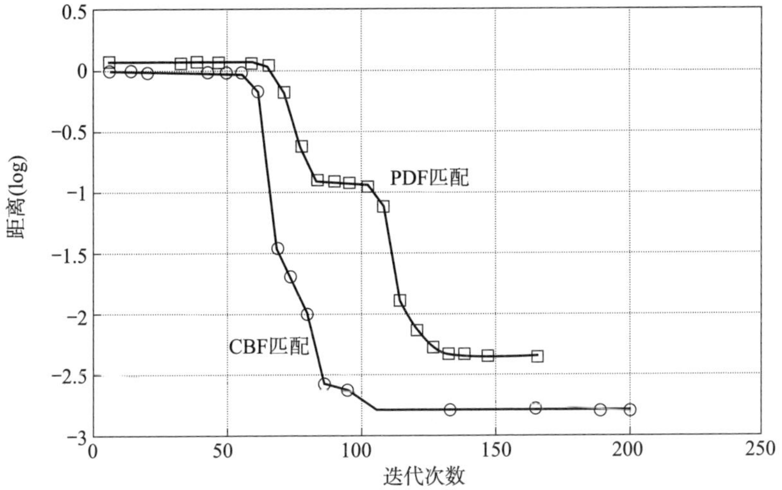

图 4－8　基于可信性 PDF 与 CBF 的密度匹配优化收敛情况

见表 4-4，与确定性优化给出的基线方案（图 4-9）相比，基于密度匹配的不确定性优化结果更好地满足了 99%可靠性约束的要求，即优化设计更为可靠。与传统非线性约束优化相比，带动态罚函数的密度匹配优化方法能获得更小的均值最优解，说明了该方法处理多约束 OUU 问题具有较好的优势。进一步对比这三种罚函数，可以看出第一种罚函数作用太强，导致部分约束不满足；第二种罚函数作用太弱，导致优化目标最优性偏差；而第三种罚函数作用既不太弱也不太强，优化结果能满足所有可靠性约束，且所得目标函数均值与方差较小，说明式（4-29）定义的动态罚函数具有较好的效能。

表 4-4　不同罚函数情况下密度匹配优化结果

	确定性优化方案	UBDO 最优方案			
		非线性约束优化	$10^{\sum_{i=1}^{r} v_i(\boldsymbol{x})}$	$10^{\sum_{i=1}^{r} k_i(\boldsymbol{x})-1}$	$10^{\sum_{i=1}^{r} k_i(\boldsymbol{x})v_i(\boldsymbol{x})}$
设计变量 d^*	3.517 3 0.700 0 17 7.364 0 7.802 0 3.351 2 5.288 0	3.505 4 0.700 0 17 7.367 4 7.778 0 3.357 1 5.300 0	3.514 2 0.700 1 17 7.363 9 7.803 7 3.351 0 5.287 1	3.537 1 0.700 9 17 7.300 0 7.909 6 3.401 7 5.330 9	3.506 6 0.700 0 17 7.300 0 7.744 0 3.356 7 5.295 6
目标均值	3 004.2	3 009.0	3 003.3	3 059.3	3 005.2
目标标准差	2.238	2.171	2.241	2.239	2.243
Bel$\{g_1 \leqslant 0\}$	1	1	1	1	1
Bel$\{g_2 \leqslant 0\}$	1	1	1	1	1
Bel$\{g_3 \leqslant 0\}$	1	1	1	1	1
Bel$\{g_4 \leqslant 0\}$	1	1	1	1	1
Bel$\{g_5 \leqslant 0\}$	0.660 5	0.999 0	0.606 0	1	0.999 0
Bel$\{g_6 \leqslant 0\}$	0.670 5	1	0.561 0	1	0.999 0
Bel$\{g_7 \leqslant 0\}$	1	1	1	1	1
Bel$\{g_8 \leqslant 0\}$	1	0.995 0	1	1	0.999 0
Bel$\{g_9 \leqslant 0\}$	1	1	1	1	1
Bel$\{g_{10} \leqslant 0\}$	1	1	1	1	1
Bel$\{g_{11} \leqslant 0\}$	1	1	1	1	0.9970

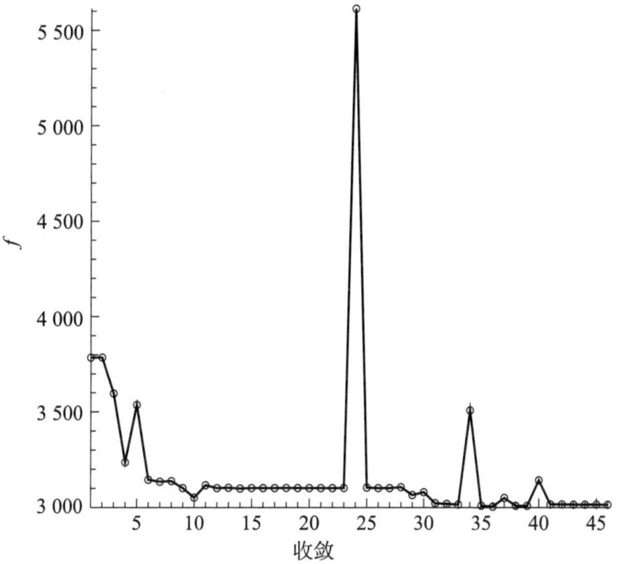

图 4-9　基于多岛遗传算法的优化收敛结果

另一方面，以减速器优化目标函数 f 的均值与标准差匹配优化为例，验证不确定性多目标优化求解算法。该优化问题表达式为

$$\begin{cases}\text{find } d^{*}=(\mu_{x_1} \quad \mu_{x_2} \quad x_3 \quad \overline{x}_4 \quad \overline{x}_5 \quad \mu_{x_6} \quad \mu_{x_7})^{\mathrm{T}} \\ \min L(\mu_t,\mu_{s_d}),L(\sigma_t,\sigma_{s_d}) \\ \text{s. t. Bel}\{g_i \leqslant 0\} \geqslant 99\%,1 \leqslant i \leqslant 11 \\ \quad 2.6 \leqslant \mu_{x_1} \leqslant 3.6,0.7 \leqslant \mu_{x_2} \leqslant 0.8,17 \leqslant x_3 \leqslant 28,7.3 \leqslant \overline{x}_4 \leqslant 8.3 \\ \quad 7.3 \leqslant \overline{x}_5 \leqslant 8.3,2.9 \leqslant \mu_{x_6} \leqslant 3.9,5.0 \leqslant \mu_{x_7} \leqslant 5.5 \\ \text{where } s_d=\text{Bel}\{f(\boldsymbol{x})\},\boldsymbol{x}=(\boldsymbol{x}_a,\boldsymbol{x}_e)\end{cases} \tag{4-42}$$

预期目标均值与标准差分别定义为 $\mu_t=3\ 000$ 和 $\sigma_t=2.0$。对该算例进行优化设计，迭代次数为 2 000 次，对比 UMOAA 与现有经典 NSGA-Ⅱ算法，得到关于目标均值与标准偏差的部分 PO 解集，如图 4-10 所示，可以发现二者 PO 解的分布比较一致，UMOAA 相比 NSGA-Ⅱ能获得更多非劣、均匀分布的 PO 解；可以进一步拟合该前沿，近似完整的 PF，得出 UMOAA 的 PF 更好，验证了 UMOAA 求解算法的优越性，使得设计者可以按需求权衡，合理选择最优方案。

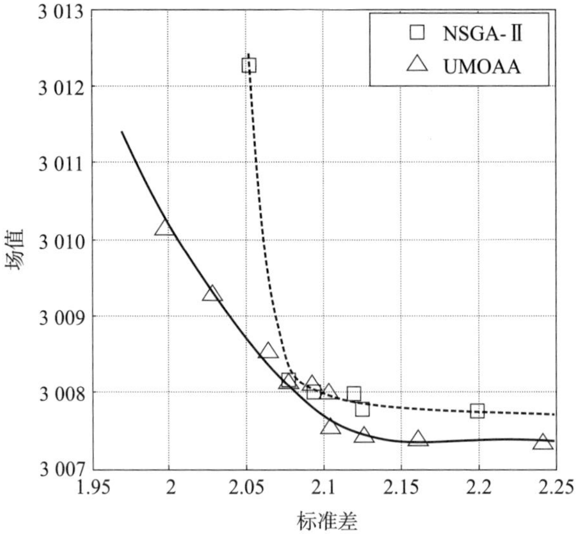

图 4－10　基于 UMOAA 与 NSGA－Ⅱ的近似 Pareto 解前沿

不妨取 PO 解集的中间点进行分析，此时最优设计方案见表 4－5。与多目标 AA 的求解结果相比，UMOAA 结果的目标函数均值略大，但标准差较小，更为重要的是基于 GAS 降维的 UMOAA 系统分析次数仅为其他两种算法的 1/50，大大减少了复杂耗时的系统分析计算，在保证计算效率的同时，很好地处理了该算例 11 个可靠性约束，优化结果满足所有可靠度约束要求。由此体现出本书 UMOAA 方法用于解决 UMOOP 问题在计算效率与优化效果方面具有巨大优势。

表 4－5　基于不同优化算法的 UBDO 最优方案对比

	多目标 AA	NSGA－Ⅱ	UMOAA
设计变量 d^*	3.505 7,0.700 2,17,7.164 7,7.748 5,3.356 2,5.3	3.505 9,0.7,17,7.302 6,7.761 9,3.356 5,5.3	3.505 0,0.7,17,7.308 6,7.748 1,3.356 5,5.300 2
目标均值	3 007.0	3008.0	3 007.5
目标标准差	2.192	2.093	2.105
$\mathrm{Bel}\{g_1\leqslant 0\}$	1	1	1
$\mathrm{Bel}\{g_2\leqslant 0\}$	1	1	1
$\mathrm{Bel}\{g_3\leqslant 0\}$	1	1	1
$\mathrm{Bel}\{g_4\leqslant 0\}$	1	1	1

续表

	多目标 AA	NSGA-Ⅱ	UMOAA
$\mathrm{Bel}\{g_5 \leqslant 0\}$	0.988 6	0.999 0	0.999 0
$\mathrm{Bel}\{g_6 \leqslant 0\}$	1	1	1
$\mathrm{Bel}\{g_7 \leqslant 0\}$	1	1	1
$\mathrm{Bel}\{g_8 \leqslant 0\}$	0.984 3	0.998 0	0.991 0
$\mathrm{Bel}\{g_9 \leqslant 0\}$	1	1	1
$\mathrm{Bel}\{g_{10} \leqslant 0\}$	1	1	1
$\mathrm{Bel}\{g_{11} \leqslant 0\}$	0.999 8	1	0.998 0
系统分析次数	2×10^6	2×10^6	4×10^4

第5章　基于UBDO的小卫星星箭分离机构设计

星箭分离机构[170,171]可靠性、动力学特性、分离冲击等影响卫星及星上高精度仪器设备的性能，甚至关系到整个发射任务的成败。由于星箭分离而导致的航天发射事故屡次发生，以2014年欧空局发射的两颗伽利略导航卫星为例，据悉因星箭分离偏差而没有进入预期轨道，最终导致任务失败。

当前现代小卫星技术蓬勃发展，小卫星质量轻、抗冲击能力弱、搭载环境多变、研制周期短等特点，决定了其星箭分离技术必须特别考虑。如何精确地完成小卫星在轨分离，已经成为航天领域亟待解决的重要问题之一[172]。针对日益增长的小卫星发射分离需求，研究一套有效的星箭分离机构计算机辅助设计方法，对于评估分离可靠性、优化分离参数、简化地面试验等具有重要意义。然而，小卫星在轨分离性能的精确预测是困难的，原因是多种不确定性影响因素存在，比如发射平台运动参数、分离机构设计、卫星本身质量特性等，加之小卫星对参数高度敏感，从而这些影响因素的量化分析难度大。小卫星分离可靠性与安全性评估问题已经引起研究人员的关注[173-177]。由于传统蒙特卡洛方法存在计算维度瓶颈，研究者一般尝试一些试验设计（Design of Experiments，DoE）的方法，简化评估分离可靠性的复杂度。例如，Singaravelu[173]采用了一种Taguchi方法进行分离参数密度函数的估计，相比蒙特卡洛方法效率更高，但随着不确定因素的增多，该方法精度变差、计算复杂度依然存在。

本章结合前面章节UBDO的研究，对多因素影响下小卫星星箭分离机构可靠性设计问题进行研究。首先，对常见弹射分离机构进行建模，推导了适用于小卫星分离过程的运动方程与动力学模型。其次，对小卫星分离过程分析涉及的主要不确定性因素进行了提取与描述。然后，识别GAS进行有效降维，并建立ARSM模型进行传播分析。进一步地，通过目标不确定性分布函数拟合，很好地评估了分离过程的可靠性与安全性，并结合地面分离试验结果进行了验证。最后，给出了弹射分离机构优化的数学表述，开展了面向最小质量的星箭分离机构的优化设计。

5.1　小卫星星箭分离过程建模

星箭分离过程考虑地球引力摄动，暂不考虑卫星和火箭末级的轨道控制策略。定义如下坐标系来描述卫星分离运动过程：地心惯性坐标系 $O_IX_IY_IZ_I$（ECI）为所有运动的基准坐标系；轨道坐标系 $O_Tx_Ty_Tz_T$（LPI）为空间参考坐标系；卫星本体坐标系 $O_Bx_By_Bz_B$（SBI）为星体坐标系。通过坐标系 SBI 三轴和 LPI 三轴之间的关系来描述卫星分离姿态，各坐标系定义如图 5－1 所示。

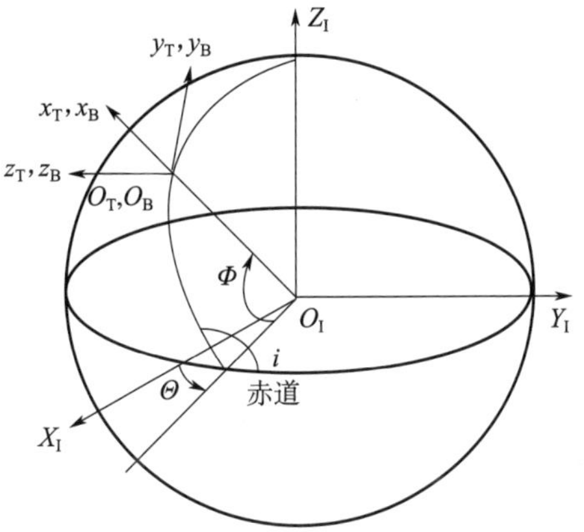

图 5－1　定义的参考坐标系示意图

其中，Φ 、Θ 与 i 为星箭分离时卫星的轨道要素。

5.1.1　运动方程

应用牛顿第二定律和动量矩定理，将分离过程简化为两个刚体之间的动力学过程，采用较成熟的六自由度刚体分析方法进行分析。设外力系对质心的主矢为 $\vec{F}_{ext}$，主矩为 $\vec{M}_{ext}$，如果以体坐标系为计算坐标系且三坐标轴均为惯量主轴[178]，则运动学方程可表示为

$$\frac{\mathrm{d}}{\mathrm{d}t}\begin{pmatrix} v_x \\ v_y \\ v_z \end{pmatrix} = \begin{pmatrix} \omega_z v_y - \omega_y v_z \\ \omega_x v_z - \omega_z v_x \\ \omega_y v_x - \omega_x v_y \end{pmatrix} + \frac{1}{m}\begin{pmatrix} F_x \\ F_y \\ F_z \end{pmatrix} \tag{5-1}$$

$$\frac{\mathrm{d}}{\mathrm{d}t}\begin{pmatrix} \omega_x \\ \omega_y \\ \omega_z \end{pmatrix} = \boldsymbol{I}^{-1}\begin{pmatrix} M_x - (I_z - I_y)\omega_y\omega_z \\ M_y - (I_x - I_z)\omega_x\omega_z \\ M_z - (I_y - I_x)\omega_x\omega_y \end{pmatrix} \tag{5-2}$$

其中，m 是相应分离体的质量，$\boldsymbol{I}=\mathrm{diag}(I_x, I_y, I_z)$ 是惯量主轴，$\vec{F}_{ext}=F_x\vec{i}_b+F_y\vec{j}_b+F_z\vec{k}_b$ 是外力矢量，$\vec{M}_{ext}=M_x\vec{i}_b+M_y\vec{j}_b+M_z\vec{k}_b$ 是外力矩矢量。分离速度为 $\vec{v}=v_x\vec{i}_b+v_y\vec{j}_b+v_z\vec{k}_b$，而分离角速度为 $\vec{\omega}=\omega_x\vec{i}_b+\omega_y\vec{j}_b+\omega_z\vec{k}_b$，含偏航、俯仰、滚转三个方向的分量。

进一步地，描述分离角速度与欧拉角关系的运动学方程为

$$\frac{\mathrm{d}}{\mathrm{d}t}\begin{pmatrix} \varphi \\ \theta \\ \psi \end{pmatrix} = \frac{1}{\cos\theta}\begin{pmatrix} \cos\theta & \sin\theta\sin\varphi & \sin\theta\cos\varphi \\ 0 & \cos\theta\cos\varphi & -\cos\theta\sin\varphi \\ 0 & \sin\varphi & \cos\varphi \end{pmatrix}\begin{pmatrix} \omega_x \\ \omega_y \\ \omega_z \end{pmatrix} \tag{5-3}$$

其中，ψ、θ 和 φ 分别为偏航、俯仰、滚转三个方向的欧拉角。根据图 5-2 所示的转换关系，坐标系 LPI 到 SBI 的转换矩阵为

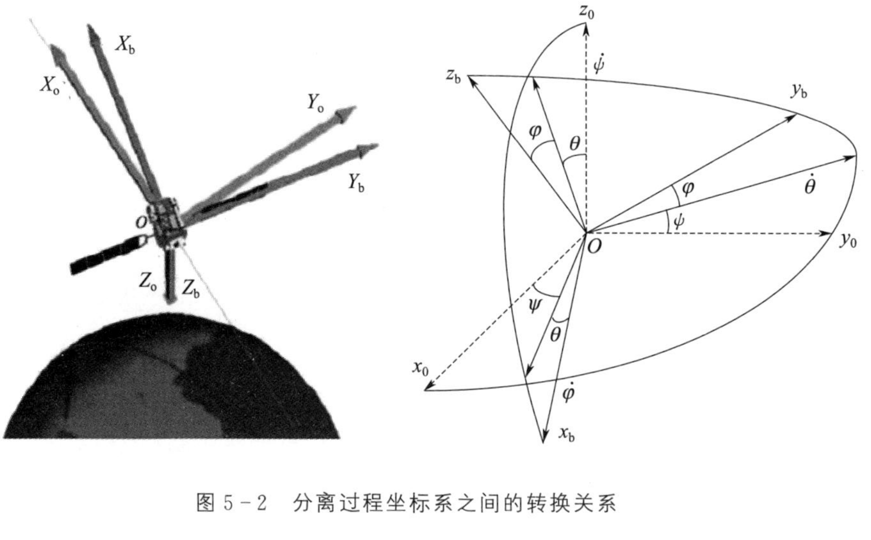

图 5-2　分离过程坐标系之间的转换关系

$$\boldsymbol{T}_{\mathrm{LB}}=\begin{pmatrix}\cos\theta\cos\psi & \cos\theta\sin\psi & -\sin\theta\\ \sin\varphi\sin\theta\cos\psi-\cos\varphi\sin\psi & \sin\varphi\sin\theta\sin\psi+\cos\varphi\cos\psi & \sin\varphi\cos\theta\\ \cos\varphi\sin\theta\cos\psi+\sin\varphi\sin\psi & \cos\varphi\sin\theta\sin\psi-\sin\varphi\cos\psi & \cos\varphi\cos\theta\end{pmatrix} \tag{5-4}$$

如果欧拉角 ψ，θ，φ 为小角度时，姿态转换矩阵可以简化为

$$\boldsymbol{T}_{\mathrm{LB}}=\begin{pmatrix}1 & \psi & -\theta\\ -\psi & 1 & \varphi\\ \theta & -\varphi & 1\end{pmatrix} \tag{5-5}$$

上述运动学方程式（5－1）～式（5－3）是单个分离体分离运动的控制方程，它们是互相耦合的，由于方程的维数高、变量多，一般无法讨论其解析解，而需要用数值方法求解。此外，如果卫星安装方位、发射方向沿着不同方向，那么相应的初始姿态角可以进行设定，从而上述方程具有较好的适用性。

5.1.2　分离力与力矩

小卫星一般采用弹射方式分离，分离力与力矩主要来自分离弹簧。这里对分离力与力矩作用下的动力学特性进行建模。如图 5－3 所示，分离力主要来自压簧装置，一般对称分布，但由于卫星质心偏差的存在，卫星在分离过程中会发生偏转，引起分离力作用方位的实时变化，有如下表达式

$$\alpha_i+\alpha_{N-i+1}=2\pi, i=1,2,\cdots,N \tag{5-6}$$

$$\vec{R}_{i0}=R\begin{pmatrix}\cos(\alpha_i)\\ 0\\ \sin(\alpha_i)\end{pmatrix}, i=1,2,\cdots,N \tag{5-7}$$

$$\Delta\vec{R}_i=\vec{R}_i^2-\vec{R}_i^1=(\boldsymbol{T}_{\mathrm{LB}}{}^{02}-\boldsymbol{T}_{\mathrm{LB}}{}^{01})\vec{R}_{i,0} \tag{5-8}$$

其中，下标 1 表示发射平台，下标 2 表示卫星，N 表示压簧装置的个数，$\vec{R}_i$ 为第 i 个压簧装置相对于几何中心的位置矢量。

分离力与力矩为

$$\vec{F}_{Si}=\begin{cases}K_i(\xi_i-\Delta R_i)\dfrac{\Delta\vec{R}_i}{\Delta R_i} & 0\leqslant\Delta R_i<L\\ 0 & \Delta R_i\geqslant L\end{cases} \tag{5-9}$$

$$\vec{F}_S=\sum_{i=1}^{N}\vec{F}_{Si} \tag{5-10}$$

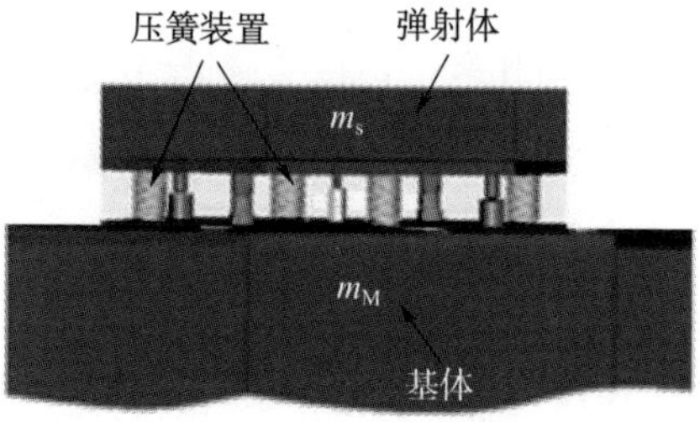

(a)

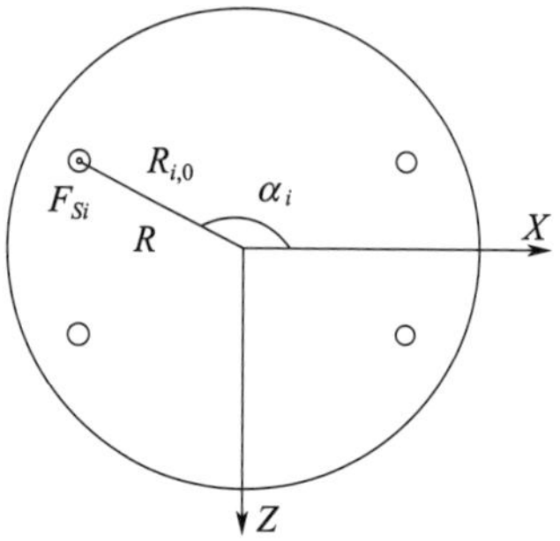

(b)

图 5-3 弹射分离机构及作用力分布示意图

$$\overrightarrow{M}_S = \sum_{i=1}^{N} (\vec{r}_{Si} \times \overrightarrow{F}_{Si}) \tag{5-11}$$

其中，K_i、ξ_i 和 L 分别表示第 i 个压簧刚度、初始变形和作用行程，$\vec{r}_{Si} = X_{Si}\vec{i} + Y_{Si}\vec{j} + Z_{Si}\vec{k}$ 是第 i 个压簧的位置矢量。

5.1.3 摄动力与力矩

卫星在轨分离过程受到的摄动因素有很多，但大多数小卫星一般在低轨（LEO）分离，主要受地球非球形摄动的影响。沿着 ECI 坐标系的引力加速度为

$$\vec{g}_{EC} = g_{XI}\vec{e}_x + g_{YI}\vec{e}_y + g_{ZI}\vec{e}_z = -gradU \tag{5-12}$$

其中，引力势能项

$$U = -\frac{\mu}{r_I}\left[1 - \frac{1}{2}J_2\frac{R_e^2}{r_I^2}\left(3\frac{Z_I^2}{r_I^2} - 1\right)\right] \tag{5-13}$$

对于椭球形地球，$R_e = 6\ 378.160$ km，$J_2 = 1.082\ 6 \times 10^{-3}$，$\mu = 3.986 \times 10^{14}$ m^3/s^2，由于 ECI 到 LPI 坐标的转换矩阵为

$$
\boldsymbol{T}_{\mathrm{EL}} = \begin{pmatrix} \cos\Phi\cos\Theta - \sin\Phi\cos i\sin\Theta & \cos\Phi\sin\Theta - \sin\Phi\cos i\cos\Theta & \sin\Phi\sin i \\ -\sin\Phi\cos\Theta - \cos\Phi\cos i\sin\Theta & -\sin\Phi\sin\Theta + \cos\Phi\cos i\cos\Theta & \cos\Phi\sin i \\ \sin i\sin\Theta & -\sin i\cos\Theta & \cos i \end{pmatrix} \tag{5-14}
$$

则在 SBI 坐标系中的重力摄动力与力矩为

$$
\vec{g} = \boldsymbol{T}_{\mathrm{LB}}\boldsymbol{T}_{\mathrm{EL}}\vec{g}_{\mathrm{EC}} \tag{5-15}
$$

$$
\overrightarrow{F_g} = m\vec{g} \tag{5-16}
$$

$$
\overrightarrow{M_g} = \vec{r}_{\mathrm{CG}} \times \overrightarrow{F_g} \tag{5-17}
$$

其中，$\vec{r}_{\mathrm{CG}}$ 是卫星质心的偏移量。研究摄动力与力矩可以进一步提高星箭分离动力学分析的精度。

5.1.4　分离目标参数

作用在分离体上的总外力与总外力矩为

$$
\vec{F}_{ext} = \vec{F}_{\mathrm{S}} + \vec{F}_g \tag{5-18}
$$

$$
\vec{M}_{ext} = \vec{M}_{\mathrm{S}} + \vec{M}_g \tag{5-19}
$$

两个比较关心的分离目标参数为卫星合成分离角速度 ω［（°）/s］与最小相对距离 D（m）。为了避免分离体碰撞风险，D 定义为两分离体外轮廓的最小间隙。它们的表达式为

$$
\omega = \sqrt{\omega_x^2 + \omega_y^2 + \omega_z^2} \tag{5-20}
$$

$$
D = \min\{d_{Qj}\} \tag{5-21}
$$

其中，Q_j 是卫星外轮廓的第 j 个角点，d_{Qj} 是相应角点到发射平台外轮廓的最短距离，用来预测卫星与发射平台可能出现的碰撞风险。

5.2　小卫星星箭分离不确定性传播分析

本节对影响星箭分离过程各不确定性因素进行描述、降维量化与传播分析。星箭分离问题分析框架如图 5-4 所示，有仿真分析平台、分离机构、卫星和发射平台（火箭）四个子系统。由于该问题包含的输入输出参数较多，且卫星与发射平台之间的分离运动是紧耦合的，增加了星箭分离过程仿真分析的难度，而不确定力学因素的引入使其更为复杂。

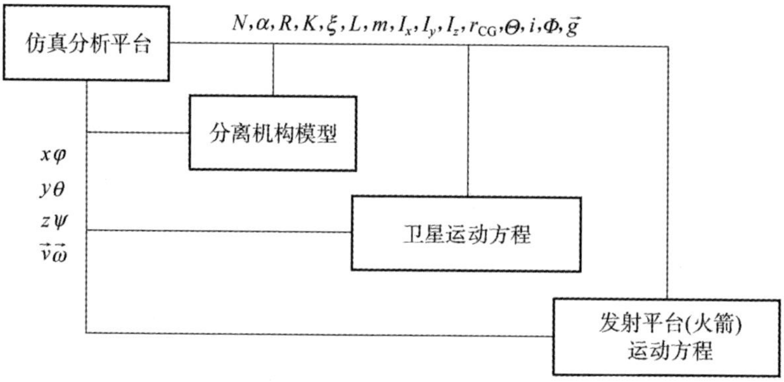

图 5-4　小卫星星箭分离问题分析框架

相关模型参数如下：卫星质量 m_S = 20.0 kg，发射平台质量 m_M = 950 kg，轨道根数 Θ = 261.9°、i = 97.2° 和 Φ = 66.1°。不妨以四个压簧分离装置为例，它们的角位置为±45° 和 ±135°，R = 0.45 m，压簧力学参数为 K = 990 N/m 和 ξ = 63.5 mm。

5.2.1　不确定性因素描述

由于星箭分离过程中受力情况的时变性及受到各种不确定性因素的影响，卫星和发射平台除了纵向运动出现扰动外，还有各自质心的不确定横移运动和绕质心的转动。假设发射平台与卫星对接面的不平度在发射前予以控制，压簧非线性作用力产生的横向不确定性影响很小。星箭分离机构主要结构与力学不确定性影响因素有以下 5 类：1）卫星质量；2）质心位置；3）转动惯量；4）压簧刚度；5）压簧初始变形。其中 2）、3）分别有三个方向的分量，4）、5）与压簧装置的个数有关。

结合工程经验，不妨将上述不确定性变量分布假定为以期望值为均值的正态分布，接着确定得到各个参数的标准差，见表 5-1，其中给出的期望值和标准偏差值以某小卫星星箭分离机构为例。

表 5-1　星箭分离过程主要不确定性因素

名称	符号	期望值/中间值	标准偏差
质量	m_S/kg	20.0	0.02
质心 X 向偏移	X_{CG}/mm	−0.15	0.01

续表

名称	符号	期望值/中间值	标准偏差
质心 Y 向偏移	Y_{CG}/mm	−0.30	0.02
质心 Z 向偏移	Z_{CG}/mm	−0.10	0.01
X 轴惯量	$I_x/\text{kg}\cdot\text{m}^2$	0.30	0.001
Y 轴惯量	$I_y/\text{kg}\cdot\text{m}^2$	0.54	0.002
Z 轴惯量	$I_z/\text{kg}\cdot\text{m}^2$	0.28	0.001
压簧 1 刚度	K_1/(N/m)	990	2
压簧 2 刚度	K_2/(N/m)	990	2
压簧 3 刚度	K_3/(N/m)	990	2
压簧 4 刚度	K_4/(N/m)	990	2
压簧 1 变形	ξ_1/mm	63.5	0.5
压簧 2 变形	ξ_2/mm	63.5	0.5
压簧 3 变形	ξ_3/mm	63.5	0.5
压簧 4 变形	ξ_4/mm	63.5	0.5

5.2.2　不确定性降维量化

假定小卫星外形近似看成具有 8 个角点的长方体。对于该 15 维不确定性分析问题，探讨两个分析目标 ω 和 D 的活跃子空间。由于控制方程为耦合的非线性常微分方程，采用基于高精度仿真样本的有限差分方法，求得矩阵 $\boldsymbol{C}$ 对应的特征值，前 10 项特征值取对数后如图 5－5 所示。

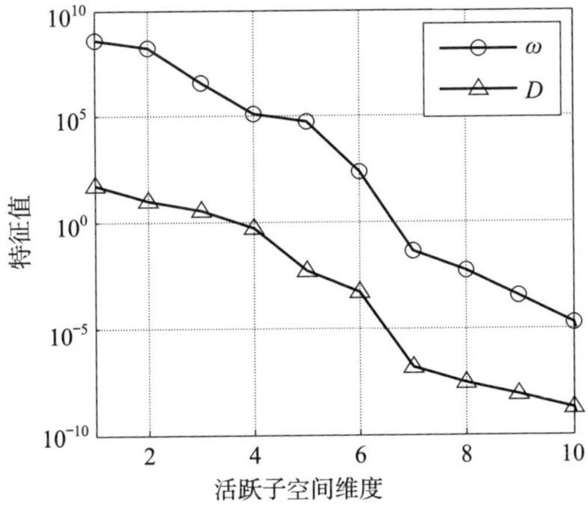

图 5－5　分离参数 ω 和 D 对应的前 10 个特征值排序

基于 GAS 降维特点，特征值间隔大小与子空间估计精度对应，即以相邻间隔较大的子空间为活跃子空间，精度较高。可以发现，ω、D 均分别为 6 维活跃子空间，求得它们对应的活跃坐标，进而构建 ARSM 进行传播分析验证。

5.2.3 不确定性传播分析

按 6 维活跃子空间基于三次 ARSM 进行传播模型构建与评价。ARSM 训练样本及拟合情况如图 5－6 所示，分别给出了分离角速度、相对距离真实值 f 与近似值 $Fhat$ 的对比关系，反映出较好的拟合度（Goodness－of－fit）。进一步地，基于显著性校验与 LOOCV 方法得出的验证结果见表 5－2，相关传播误差指标较小。LOCCV 的平均绝对误差 MAE 指标对过拟合、欠拟合情况较为敏感，一般用来表征拟合精度，由此可得分离参数 ω 的预报误差约为 2.55%，而 D 的预报误差约为 4.21%。因此该问题具有较为显著的降维空间传播模型，可以构建相应的 ARSM，使得不确定性传播分析具有较好的精度。

表 5－2　传播模型显著性校验与交叉验证结果

目标函数	R^2_{adj}	MAE	SDE	LOOCV 的 MAE	LOOCV 的 SDE
ω	0.939	0.032 8	0.025 2	0.074 1	0.066 6
D	0.956	0.005 8	0.003 9	0.009 7	0.007 2

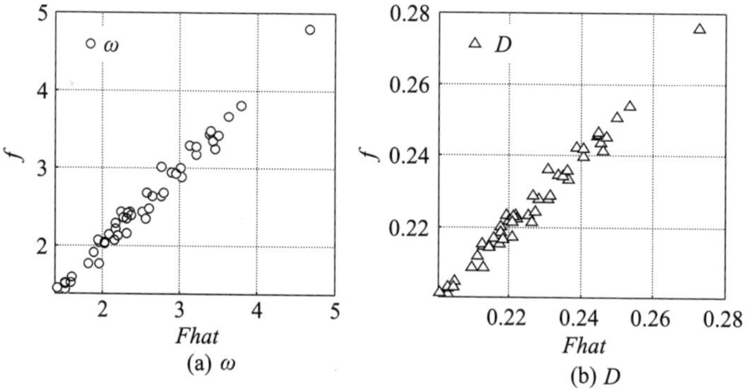

(a) ω　　(b) D

图 5－6　传播模型训练样本及拟合情况

基于原 15 维不确定性影响的 MCS 方法对上述传播分析结果进行了验证，MCS 分析 1 000 次，如图 5－7 所示。可以看出，该问题分离角速度大多处于 1（°）/s 与 5（°）/s 之间，在 2.2（°）/s 左右发生的可能性最大；而最小相对距离大多处于 0.2～0.25 m 之间，在 0.225 m 左右可能性较大。与 MCS 方法相比，GAS-ARSM 传播分析获得的密度函数基本一致，最大可能情况的概率密度略小，但计算成本大幅度降低，仅需 50 个样本点，使得性能预测更为方便。因此，基于 GAS-ARSM 的不确定性分析方法可以很好地在高精度星箭分离可靠性评估问题中应用。

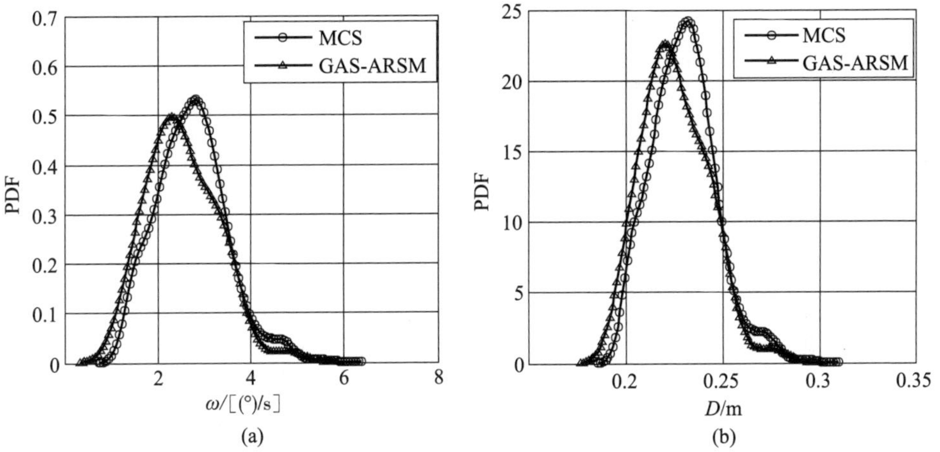

图 5-7　GAS-ARSM 与 MCS 分析结果对比

5.3　小卫星星箭分离过程可靠性评估

小卫星星箭分离机构设计需要星箭分离参数的合理评估，以确保分离过程的安全性。卫星应该不与发射平台发生碰撞，并且相对分离速度 v 、分离角速度 ω 应该满足可靠性约束要求，过大的 ω 会引起卫星姿控困难、帆板对日定向困难、星上设备工作异常等问题。

5.3.1　目标分布函数拟合

为了进行有效的可靠性与安全性评估，分离目标函数指标 ω 和 D 的密度分布类型与参数需要得到确定。如图 5-8 所示，基于 10 000 个 GAS-ARSM 传播分析样本，可以按最大似然性估计（Maximum Likelihood Estimation，MLE）[179]拟合，对比基于不同分布形式的密度函数拟合情况。对两个目标参数分析样本的直方图分别进行拟合，从而获得了拟合度最好的 PDF。

Rayleigh分布显然对 ω 和 D 的拟合效果均较差，但其余分布的拟合优度不好直接比较。为此，根据 MLE 估计，各函数拟合的对数似然性与分布参数见表 5－3。对于 ω，伽马（Gamma）分布（$a=13.26$，$b=0.205$）的似然性最大，即服从伽马分布；而对于 D，对数正态（Lognormal）分布（Mu＝0.97，sigma＝0.280）的对数似然性最大，即服从对数正态分布。

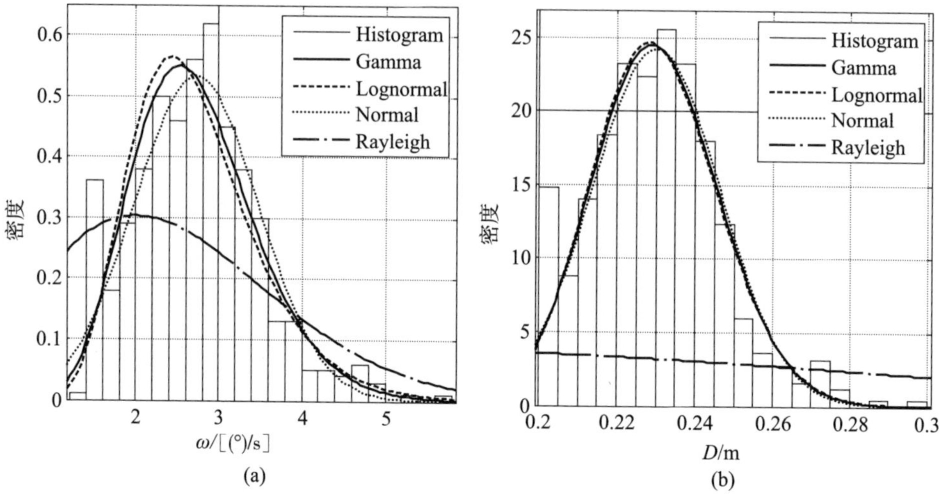

图 5－8　基于不同分布形式的密度函数拟合

表 5－3　按不同分布形式拟合的目标似然性与分布参数

目标	Gamma	Lognormal	Gauss	Rayleigh
ω	似然性：－551.8 a＝13.26，b＝0.205	似然性：－555.1 Mu＝0.97，sigma＝0.280	似然性：－563.5 Mu＝2.73，sigma＝0.748	似然性：－710.3 B＝1.999
D	似然性：1350.0 a＝ 199.4，b＝ 0.001	似然性：1352.0 Mu＝－1.47，sigma＝0.071	似然性：1344.8 Mu＝0.23，sigma＝0.016	似然性：577.6 B＝0.163

卫星分离过程目标参数不确定性分布函数的正确拟合，是下一步进行星箭分离可靠性有效评估的基础。

5.3.2　分离可靠性评估

基于拟合度最好的 PDF 可以获得累积分布函数进行分析。对于涉及星箭分离可靠性的指标，图 5－9 给出了具有置信区间的最大似然性累积分布，与虚线真实情况一致，这为分离风险预测与机构设计提供了很好的参考。以分离角速度为例，如果卫星具有更高的控制能力，那么它可以允许较高的分离角速度偏转，相应星箭分离可靠性也较高，见表 5-4，若要求分离可靠性大于 99.99%，理论上卫星分离角速度控制能力至少是 5.25（°）/s，这是对星箭分离过程安全性的合理评估。

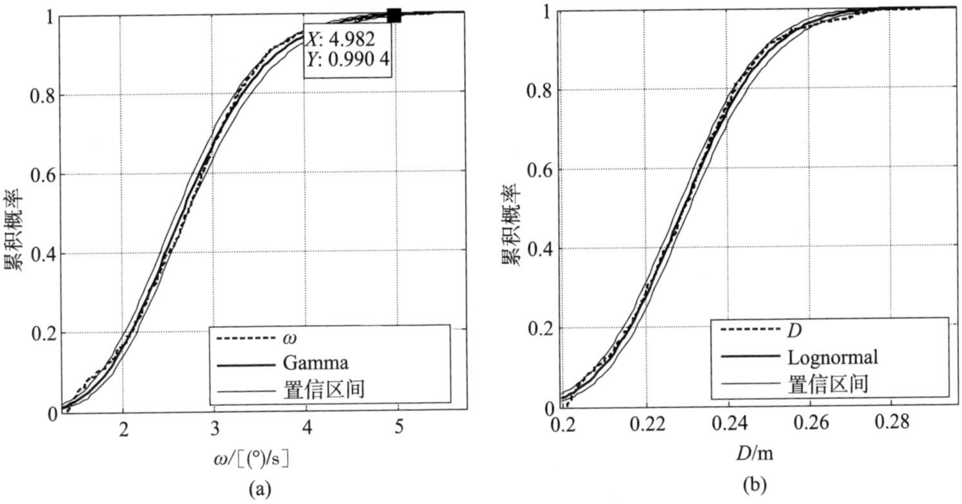

图 5-9　目标对应分布的累积分布函数

表 5-4　不同控制能力卫星的故障率与可靠性

序号	角速度控制能力/[(°)/s]	故障概率	可靠性
1	4	0.049 8	0.950 2
2	4.98	0.009 6	0.990 4
3	5.25	0.000 1	0.999 9

上述可靠性评估结果可以通过地面模拟分离试验[180]来验证，设计的试验装置如图 5-10 所示。通过吊绳将卫星悬挂，抵消重力影响，在分离短距离内可以近似为无重力环境。在分离小卫星的正上方设置高速相机，记录整个分离过程，并利用图像处理软件分析得出整个分离过程中小卫星的分离速度以及绕各轴的角速度。但分离试验需花费大量的时间和金钱，且试验次数与可测参数有限。某小卫星地面分离试验及分析结果如图 5-11 所示，卫星分离角速度经历震荡后，稳定在 2.73（°）/s 左右，与本书图 5-8 中拟合的 PDF 最大概率密度点对应的值基本一致，由此可以验证仿真评估的正确性。

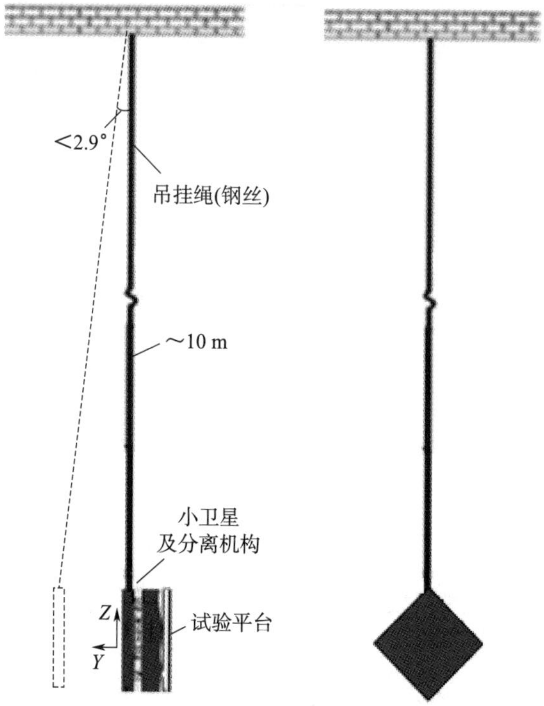

图 5-10　小卫星地面模拟分离试验装置示意图

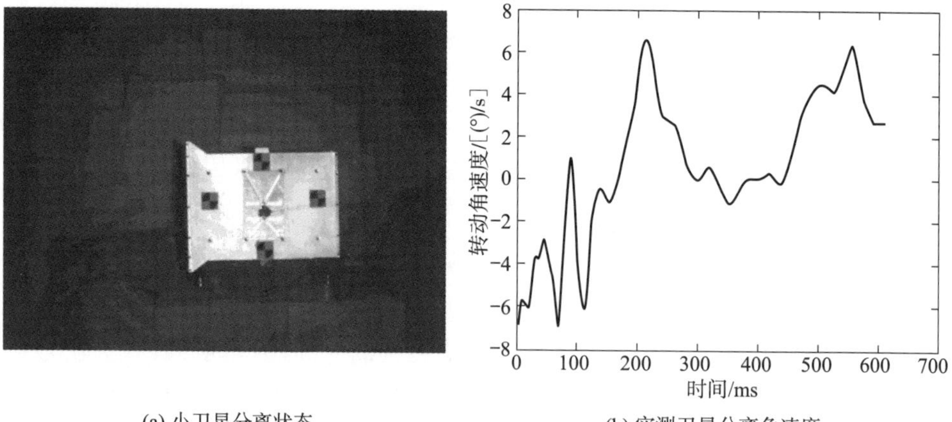

(a) 小卫星分离状态　　(b) 实测卫星分离角速度

图 5-11　小卫星地面模拟分离试验及测量结果

5.4　小卫星星箭分离机构优化设计

质量是衡量小卫星分离机构方案的一个重要指标。在满足性能指标的条件下，质量的减小意味着承载更多的有效载荷，这对于本身质量较小的小卫星来说尤为重要。建立分离机构质量模型并进行优化设计，对型号研制也是有意义的。

小卫星星箭分离机构的关键部件是压簧分离装置，优化目标是满足分离条件的前提下，使其质量越小越好。压簧分离装置尺寸可以根据压缩螺旋弹簧确定，以等节距等直径[181]的压簧参数作为设计变量，主要根据弹簧刚度 K 、工作行程 L 以及结构要求，计算压簧中径 d_m 、簧丝直径 d_s 、工作圈数 n 、弹簧的自由高度 H_0 等。这里设计变量选取弹簧刚度 K 、工作行程 L 和最大工作载荷 F_p，其余参数根据机械设计手册得到，即

$$\boldsymbol{x}_d=(x_1,x_2,x_3)^{\mathrm{T}}=(K,L,F_p)^{\mathrm{T}} \tag{5-22}$$

5.4.1　优化目标函数建立

分离机构总质量 m_{al} 可看成压簧分离装置与其他附属部件质量之和。压簧分离装置的结构如图 5 - 12 所示。

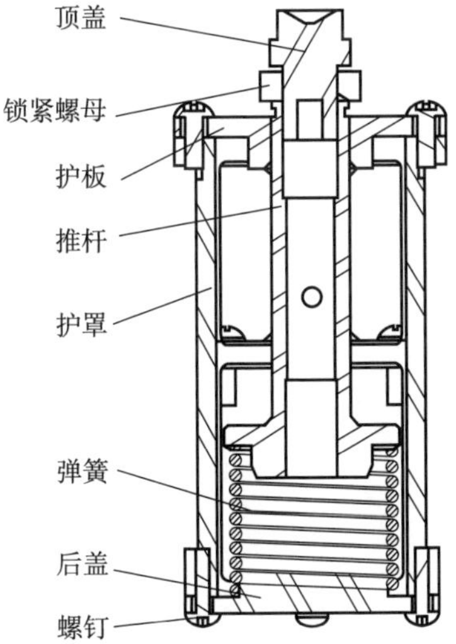

图 5 - 12　单个压簧分离装置结构示意图

单个压簧分离装置的质量 m_s 主要包括钢丝质量 m_{ss} 、推杆质量 m_{st} 和护罩及盖板质量 m_{sp} 三部分，相关计算公式如下

$$m_{al} = Nm_s + m_a \tag{5-23}$$

$$m_s = m_{ss} + m_{st} + m_{sp} \tag{5-24}$$

$$m_{ss} = \rho_s n \cdot \pi d_{\mathrm{m}} \cdot \frac{\pi d_{\mathrm{s}}^2}{4} \tag{5-25}$$

$$m_{st} = \rho_t (L + L_0) \tag{5-26}$$

$$m_{sp} = \rho_p S_p \tag{5-27}$$

$$K = \frac{G d_{\mathrm{m}}}{8n(d_{\mathrm{m}}/d_{\mathrm{s}})^4} \tag{5-28}$$

$$\begin{aligned} S_p &= \pi(d_{\mathrm{m}} + \delta_0)\left(L + H_{\mathrm{in}} - \frac{F_{\mathrm{p}} - F_0}{K}\right) + \frac{\pi(d_{\mathrm{m}} + \delta_0)^2}{2} \\ &= \pi(d_{\mathrm{m}} + 0.008)\left(L + \frac{d_{\mathrm{m}}}{2} - \frac{F_{\mathrm{p}} - 45.5}{K} + 0.042\right) \end{aligned} \tag{5-29}$$

其中，m_a 为除压簧分离装置外，其余附属部件的质量；ρ_s 为弹簧材料的密度，取 $\rho_s = 7\ 980\ \mathrm{kg/m^3}$ ；ρ_t 为单位长度推杆质量；L_0 、δ_0 为推杆头固有长度与平均轮廓厚度，由经验值，$L_0 = 0.02\ \mathrm{m}$，$\delta_0 = 0.008\ \mathrm{m}$ ；H_{in} 为压簧的初始长度，由星箭约束给定，不妨取 $H_{\mathrm{in}} = 0.038\ \mathrm{m}$ ；ρ_p 为单位面积外轮廓质量；S_p 为总外轮廓面积之和，可按式（5－29）推得；d_{m} 为压簧中径，满足 $d_{\mathrm{m}} = \frac{1}{2}\sqrt[3]{G d_{\mathrm{s}}^4 / Kn}$ 。

选取单个压簧分离装置质量 m_s 作为目标函数，可近似表示为

$$\begin{aligned} m_s = 0.583\ 3x_2 &+ \left(\frac{5.985}{\sqrt[3]{x_1}} + 0.215\ 9\right)\left(x_2 + \frac{0.110\ 9}{\sqrt[3]{x_1}} - \right. \\ &\left. \frac{x_3 - 45.5}{x_1} + 0.064\ 5\right) + 0.006\ 8(\mathrm{kg}) \end{aligned} \tag{5-30}$$

5.4.2 确定性设计优化

5.4.2.1 数学表述

面向最小质量的星箭分离机构优化设计等价于分离装置质量的最小化，优化表达式为

$$
\begin{cases}
\text{find} \quad \boldsymbol{d} = [KLF_{\mathrm{p}}] \\
\min \quad m_s \\
\text{s. t.} \quad g_1: v \leqslant 1.2\ \mathrm{m/s} \\
\qquad g_2: v \geqslant 0.8\ \mathrm{m/s} \\
\qquad g_3: \omega \leqslant 5(^\circ)/\mathrm{s} \\
\qquad g_4: D \geqslant 0.05\ \mathrm{m} \\
\qquad g_5: 1.66(d_{\mathrm{s}}/d_{\mathrm{m}})^{0.16}(8F_{\mathrm{p}}d_{\mathrm{m}})/(\pi d_{\mathrm{s}}{}^3) \leqslant [\tau] \\
\qquad g_6: d_{\mathrm{m}}/d_{\mathrm{s}} \leqslant 16 \\
\qquad g_7: d_{\mathrm{m}}/d_{\mathrm{s}} \geqslant 4 \\
\qquad g_8: H_0/d_{\mathrm{m}} \leqslant 3.7 \\
\qquad g_9: L \leqslant F_{\mathrm{p}}/K \\
\qquad 500\ \mathrm{N/m} \leqslant K \leqslant 1\,500\ \mathrm{N/m}, 10\ \mathrm{mm} \leqslant L \leqslant 60\ \mathrm{mm} \\
\qquad 35\ \mathrm{N} \leqslant F_{\mathrm{p}} \leqslant 70\ \mathrm{N}
\end{cases}
\tag{5-31}
$$

其中，$g_1 \sim g_4$ 分别为相对分离速度、角速度和最小相对距离要求；$g_5 \sim g_9$ 为压缩螺旋弹簧本身设计约束，g_5 是压簧应满足的强度条件；g_6 和 g_7 考虑了压簧旋绕比[161]指标，一般在 4 到 16 之间；g_8 是压簧稳定性约束，要求自由高度与压簧中径的比值不大于 3.7；g_9 是压簧最大变形约束，应大于工作行程。

5.4.2.2　优化结果

在满足确定性约束条件下，对分离装置质量进行了优化设计。目标函数 m_s 在优化过程中的变化如图 5－13、图 5－14 所示。根据优化结果，对于满足可靠性约束的情况，其收敛性较好，目标质量最终收敛于 93.6 g。表 5－5 对比了分离装置优化结果与经验设计值。优化结果圆整解的标称高径比 $H_0/d_{\mathrm{m}} = 3.615 < 3.7$，压簧采用一端固定一端回转的安装方式，稳定性条件是满足的。从表 5－5 中可以看出，分离装置的质量通过设计优化下降到 93.6 g 左右，相比经验值降低了约 30.7%，体现出较好的优化效果。

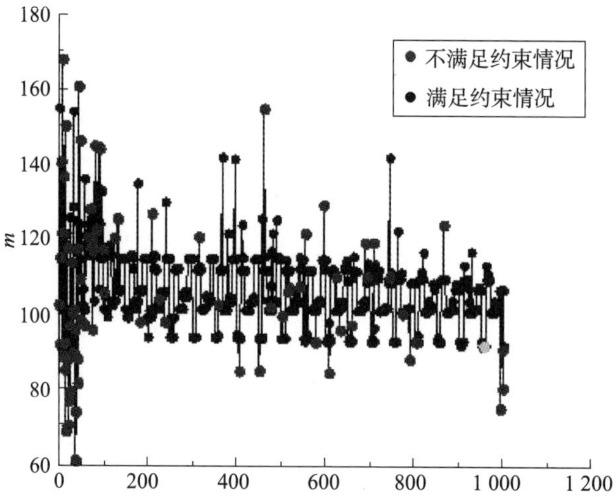

图 5-13 基于多岛遗传算法的目标函数寻优（见彩插）

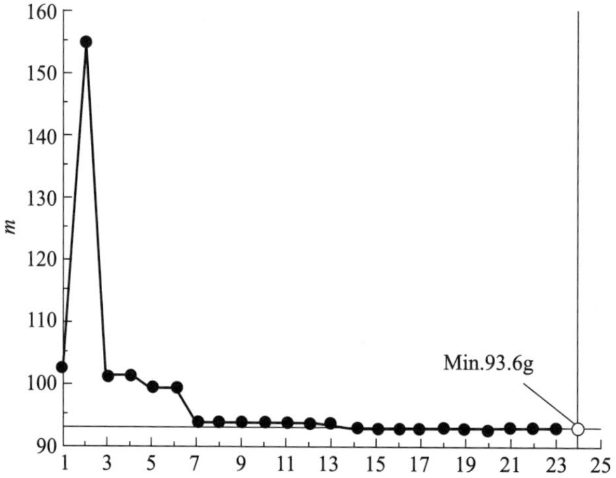

图 5-14 目标函数随优化代数的收敛结果（见彩插）

表 5-5 分离机构确定性优化结果与经验值比较

标称值	刚度 K/(N/m)	行程 L/m	载荷 F_p/N	中径 d_m/m	直径 d_s/m	有效圈数 n	质量 m_s/g
经验设计	698.4	0.040	45.5	0.025	1.8e−3	9.5	135.7
优化设计	992.7	0.0288	63.49	0.0222	2e−3	14.5	93.6
优化结果圆整	989.2	0.029	63.5	0.022	2e−3	15	94.0

5.4.3 不确定性设计优化

5.4.3.1 数学表述

本节考虑设计变量与系统参数存在不确定性时星箭分离机构优化设计问题。对于质量/尺寸受限的小卫星，期望满足可靠性要求的分离机构质量最小，以实现更多有效载荷的搭载，同时为实现高精度星箭分离，应具有较小的标准偏差，则基于 CDF 密度匹配的 UBDO 问题描述如下：

$$
\begin{cases}
\text{find} & \boldsymbol{\mu_d} = [\mu_K \mu_L \mu_{F_p}] \\
\min & L[T(m_s), S_d(m_s)] \\
\text{s.t.} & g_1: \Pr\{v \leqslant 1.2\ \text{m/s}\} \geqslant 0.99 \\
& g_2: \Pr\{v \geqslant 0.8\ \text{m/s}\} \geqslant 0.99 \\
& g_3: \Pr\{\omega \leqslant 5(°)/\text{s}\} \geqslant 0.99 \\
& g_4: \Pr\{D \geqslant 0.05\ \text{m}\} \geqslant 0.99 \\
& g_5: \Pr\{1.66(d_s/d_m)^{0.16}(8F_p d_m)/(\pi d_s^3) \leqslant [\tau]\} \geqslant 0.99 \\
& g_6: \Pr\{d_m/d_s \leqslant 16\} \geqslant 0.99 \\
& g_7: \Pr\{d_m/d_s \geqslant 4\} \geqslant 0.99 \\
& g_8: \Pr\{H_0/d_m \leqslant 3.7\} \geqslant 0.99 \\
& g_9: \Pr\{L \leqslant F_p/K\} \geqslant 0.99 \\
& 500\ \text{N/m} \leqslant \mu_K \leqslant 1\,500\ \text{N/m}, 10\ \text{mm} \leqslant \mu_L \leqslant 60\ \text{mm} \\
& 35\ \text{N} \leqslant \mu_{F_p} \leqslant 70\ \text{N} \\
\text{where} & S_d = \text{CDF}_{m_s}, \boldsymbol{x} = (\boldsymbol{d}, \boldsymbol{p})
\end{cases}
\tag{5-32}
$$

其中，设计变量不确定性 $\boldsymbol{d}$ 与系统参数不确定性 $\boldsymbol{p}$ 按表 5-1 的描述，此时所有不确定性约束按 99%的可靠度进行考虑，以保证设计方案的可行性。

5.4.3.2 优化结果

基于本书 GAS-ARSM 传播分析与 CDF 匹配优化方法，在 5.4.2 节确定性优化设计基础上，通过不断减小系统响应与预期目标分布函数之间的距离度量，获得满足所有可靠度约束的最优设计解。不妨以均值 93、标准差 0.5

的正态分布为预期目标，基于 CDF 的密度匹配优化的目标函数最终响应、收敛过程分别如图 5－15 和图 5－16 所示，可以看出本书 CDF 匹配优化方法经过 100 次左右的函数迭代，即获得了可靠的优化解，具有较好的寻优效率。

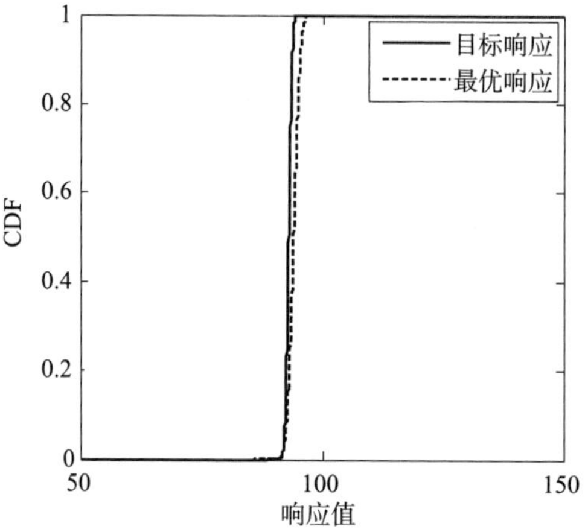

图 5－15 分离装置质量的 CDF 匹配优化结果

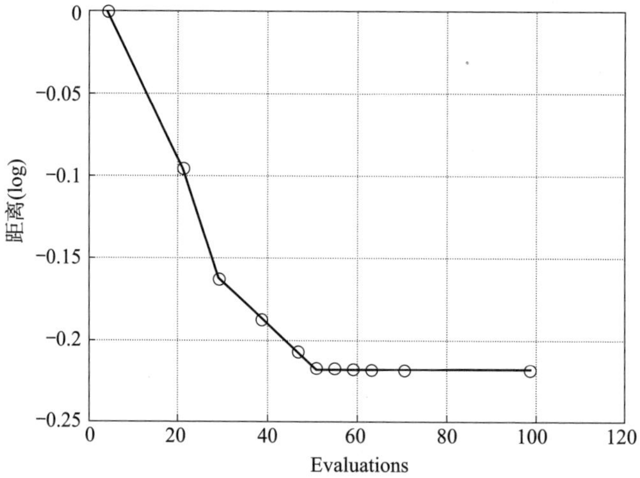

图 5－16 基于 CDF 的密度匹配优化收敛情况

UBDO 收敛结果与确定性设计优化结果进行了对比，见表 5－6。考虑各不确定性影响，UBDO 在分离装置压簧刚度与钢丝直径有所增加的情况下获得了满足所有可靠性约束的解，最小质量优化结果 94 g，略大于 93.6 g。根据机械设计手册，对优化结果进行圆整，使得在实际工程中可以应用，压簧采用一端固定一端回转的安装方式，满足稳定性条件。

表 5-6　分离机构 UBDO 与确定性优化结果比较

项目	刚度 $K/(\mathrm{N/m})$	行程 L/m	载荷 F_p/N	中径 d_m/m	直径 d_s/m	有效圈数 n	质量 m_s/g	g_3
确定性优化	992.7	0.028 8	63.49	0.022 2	2e−3	14.5	93.6	0.768
UBDO 结果	1 062.0	0.030	65.16	0.027 9	2.2e−3	9.9	94.0	0.995
结果圆整	1 053.8	0.030	65.2	0.028	2.2e−3	10	94.0	1

综上可知，本书 UBDO 方法进行星箭分离机构优化设计，在可靠域充分挖掘了压簧装置设计潜力。优化结果表明，建立的星箭分离装置质量优化数学模型是合理有效的，可以在工程实际中进行应用。值得一提的是，本书提出的 UBDO 方法应用于某卫星星箭分离机构设计与分析，大大减少了试验次数，节省了试验成本，缩短了试验周期，还为分离参数优化提供了参考，具有很好的推广与应用价值。

第 6 章　基于 UBDO 的对地观测卫星总体设计

对地观测已成为卫星技术的主要应用领域之一[182]，在国民经济和国家安全中发挥着不可或缺的作用。随着微型传感器、小卫星平台、先进发射技术与管控技术的发展，各国竞相发展高性能的对地观测小卫星（＜500 kg）以实现经济效益最大化。大量新技术与商业元器件大大增加了现代对地观测卫星系统的不确定性，同时高集成度使得各个分系统的耦合程度较强，这些都凸显了通过不确定性分析与优化手段提高稳健性和可靠性的需求。因此，UBDO 方法在对地观测卫星总体设计中具有重要的应用价值。

本章结合前面章节 UBDO 的研究，以对地观测卫星总体设计优化为研究对象。首先，分析该类卫星的任务特点与需求，拟定各分系统的实现方案。其次，建立其概念设计阶段总体设计学科模型，涉及各个分系统，对学科间的关系进行整理。然后，对卫星涉及的不确定性因素进行描述、降维与传播分析。最后，基于本书不确定性密度匹配设计优化方法，分别开展面向随机不确定性/混合不确定性、单目标/多目标的卫星总体可靠性稳健设计优化的研究。本章应用实例优化效果将验证本书前面章节提出的 UBDO 方法的有效性。

6.1　对地观测卫星总体设计问题

6.1.1　任务分析

针对一类对地观测卫星进行功能分析与建模，根据符合工程实际的不确定性因素，实现其总体不确定性设计优化。主要技术指标要求如下：

1）卫星主要任务是对地观测，要求卫星的地面分辨率指标高于 d_s。

2）对地观测区域为全球覆盖，即卫星相机扫过区域的合成应该覆盖全球，并且满足一定的重复观测需求。

需要设计的对地观测卫星应该具备如下功能：

1）携带的有效载荷可以满足对地观测精度要求，载荷类别根据任务不同而不同，如图 6－1 所示。

2）一般对地观测任务需要对一些重点区域进行重复、细致的观测，需要把卫星运行轨道定为太阳同步准回归轨道。利用太阳同步轨道的特点，选择适当的卫星发射时间，则卫星可以在通过需要观测的重点区域上空时，这些地区有着较好的光照条件，有利于对地面目标进行可见光观测。通过设定准回归轨道的参数，可以实现在规定时间内对目标地区进行重复观测。

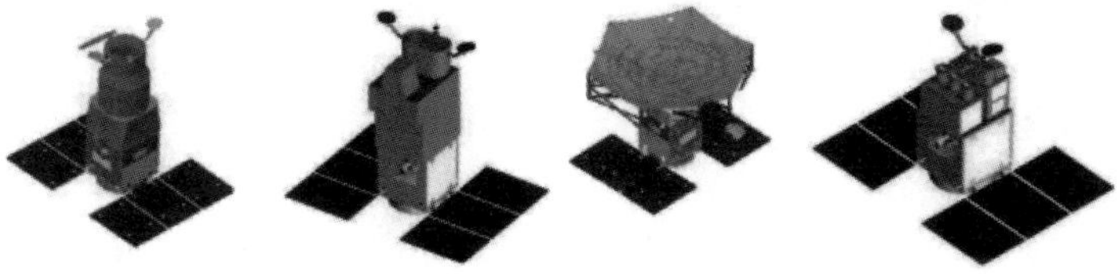

图 6－1　现代观测卫星不同任务载荷示意图

6.1.2　初步设计

整个卫星总体设计过程是复杂的，需要考虑的影响因素多，而且各因素之间互相耦合，比如轨道高度、地面分辨率、有效载荷尺寸与重量、卫星工作寿命与功耗等相互影响与制约。随着多学科不确定性的引入，学科间不确定性传播的影响更为复杂，整星系统参数的准确计算将更为困难。

在考虑各学科模型、进行系统分析与优化之前，需要对卫星各分系统实现方案进行选定。该卫星系统可以划分为有效载荷和卫星平台，如图 6－2 所

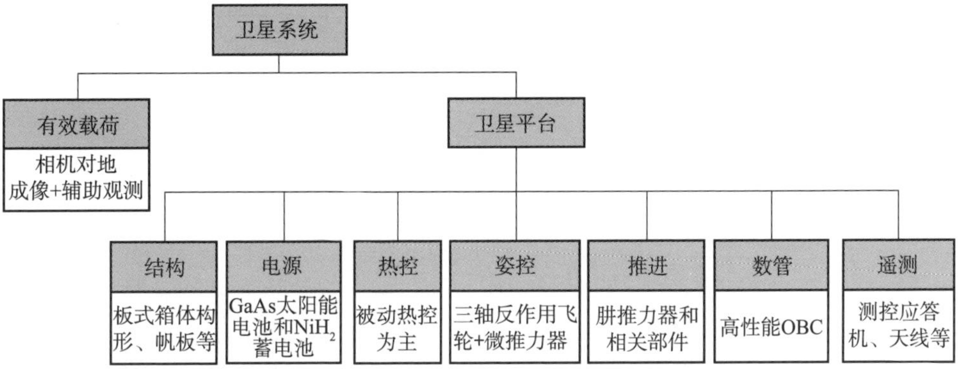

图 6－2　对地观测卫星系统初步设计分解图

示，按“方案树”的形式分析了各分系统的基本实现方式，以便后面章节进行卫星总体设计模型构建。在卫星总体设计过程中，必须充分考虑不确定性影响下的各个分系统响应情况，以获得整星可靠性稳健设计。

6.2 对地观测卫星总体设计学科模型

根据参考文献［183，184］中的地球遥感卫星学科模型，对地球观测卫星总体设计学科模型进行建模。

6.2.1 卫星轨道

卫星轨道为太阳同步回归圆轨道，偏心率为 0，降交点地方时 DNT 为上午 10：00 点左右，轨道高度 h 为设计变量，根据相关文献［183，185］对轨道倾角 i 、轨道周期 T_N 、星蚀因子 k_e 、速度增量 ΔV 等进行估算。具体计算公式如下：

（1）轨道倾角

根据太阳同步轨道的要求，有

$$i=\arccos\left(-\frac{(R_e+h)^2}{1.5J_2R_e^2n}\cdot\frac{0.9856\pi}{180\times 86\,400}\right) \tag{6-1}$$

其中，R_e 为地球赤道半径，n 为轨道平均角速度，$J_2=0.001\,082$ 为地球主要引力摄动项。如果给定轨道高度，就可以计算相应的轨道倾角。

（2）轨道周期

由回归轨道性质可知，卫星运行的轨道周期是

$$T_N=2\pi\sqrt{\frac{(R_e+h)^3}{\mu}}\left[1-\frac{3}{2}J_2\left(\frac{R_e}{R_e+h}\right)^2(3-4\sin^2 i)\right] \tag{6-2}$$

将轨道设计为多天回归轨道，以达到全球覆盖。

（3）星蚀因子

$$k_e=\frac{1}{2}-\frac{1}{\pi}\arcsin\frac{\sin\alpha}{\sin\eta} \tag{6-3}$$

其中，$\sin\alpha=\dfrac{\sqrt{2R_eh+h^2}}{R_e+h}$，$\eta$ 为动量矩方向与日地连线之间的夹角。

（4）速度增量

参考文献［183］中式（6－26），任务周期 T_{life} 内卫星轨道保持所需的速度增量为

$$\Delta V = \pi k_D \rho_h (R_e + h) V \frac{T_{life}}{T_N} \tag{6-4}$$

其中，$k_D = \dfrac{C_D A_f}{m}$，C_D 为阻力系数，A_f 为卫星迎风面积，$\dfrac{A_f}{m}$ 为面质比；ρ_h 为轨道高度为 h 处的大气密度，V 为卫星速度，T_N 为轨道周期。

6.2.2　有效载荷

不同观测载荷学科模型是不同的。对于有效载荷 CCD（电荷耦合元件）相机，先计算所需地面分辨率的大致范围，再选取 CCD 相机的型号，进一步确定相机的各技术指标。

$$\begin{cases} d_s = \dfrac{h\mu_0}{f_c}, A = \dfrac{1.22\lambda(R_e + h)\sin\gamma}{d_s \cos\varepsilon_{\min}} \\ S_w = 2R_e \dfrac{\left\{\arcsin\left[\dfrac{(h + R_e)\sin\omega_x}{R_e}\right] - \omega_x\right\}}{\sin i} \end{cases} \tag{6-5}$$

其中，A 为相机孔径；S_w 为相机覆盖带宽度；μ_0 为像元尺寸；中心波长 $\lambda = 0.65\ \mu\text{m}$；$\varepsilon_{\min}$ 为测控站最低仰角，取 5°；γ 为最长测控弧段；ω_x 为垂直轨道面方向的半视场角，有

$$\begin{cases} \gamma = \dfrac{\pi}{2} - \varepsilon_{\min} - \arcsin\left(\dfrac{R_e}{R_e + h}\cos\varepsilon_{\min}\right) \\ \omega_x = \arctan\left(\dfrac{N_c D_x}{2 f_c}\right) \end{cases} \tag{6-6}$$

其中，像元尺寸 $D_x = 14\ \mu\text{m}$，像元数 $N_c = 2\,048$。采用比例缩放法[183]对有效载荷质量 M_{pl} 和功率 P_{pl} 进行近似估计。参考相机参数为：质量 28 kg，功率 32 W，孔径 0.26m。

6.2.3　卫星平台

6.2.3.1　电源分系统

电源分系统（EPS）主要由太阳能电池阵、蓄电池、功率调控单元等组

成。设计过程中通常按一个轨道周期进行能量平衡，太阳能电池阵所需功率及质量为

$$P_{sp}=\frac{P_{bus}+P_{ttc}\mu_{ob}+P_{pl}(1-k_e)}{\eta_{ba}\eta_{sp}(1-k_e)} \tag{6-7}$$

$$M_{sp}=\rho_{sp}P_{sp} \tag{6-8}$$

其中，P_{bus} 为去除数传功率后的平台功率；P_{ttc} 为数传功率；$\mu_{ob}=\gamma/\pi$，为数传周期比；η_{ba} 为蓄电池能量转换效率；η_{sp} 为太阳能电池阵效率，其值与太阳能电池材料有关；ρ_{sp} 为太阳能电池阵比能量质量密度。蓄电池的质量计算公式如下

$$M_{ba}=\rho_{ba}P_{sp}\eta_{sp}(1-k_e)T_N/DOD\% \tag{6-9}$$

其中，$DOD\%$ 为平均放电深度，镍氢电池取 40%；ρ_{ba} 是蓄电池的比容量。

太阳能电池阵面积为

$$A_{sp}=k_{sp}\frac{P_{sp}}{P_{EOL}} \tag{6-10}$$

其中，k_{sp} 是太阳能电池阵安装的形状因子，对于采用表贴安装方式，圆柱体形状的卫星 k_{sp} 取值为 π，长方体形状的卫星 k_{sp} 取值为 4；对于采用翼式安装方式的卫星，k_{sp} 取值为 1。由于不受星表安装面积的限制，通常翼式安装方式能提供更多的电能。P_{EOL} 是卫星寿命末期太阳电池阵的单位输出功率，表达式为

$$P_{EOL}=\eta_{sp}F_sI_d\cos 23.5^\circ(1-d_y)^{T_{life}} \tag{6-11}$$

其中，$F_s=1\ 358\ \mathrm{W/m^2}$ 是太阳常数；I_d 表示太阳电池阵的固有损耗，取为 0.77；d_y 表示太阳能电池阵输出功率年下降率，对于低轨卫星的砷化镓电池取 2.75%。

电源分系统总质量 $M_{eps}=M_{ba}+M_{sp}+M_{others}$，其中 M_{others} 为功率调节与控制单元、功率分配等部分的附加质量。

6.2.3.2 结构分系统

卫星为常见的板式箱体构形，垂直于发射方向的横截面为正方形，边长为 b（垂直于发射方向的横截面边长）、高度为 l（沿发射方向的边长），壁厚为 t，假设星内有三块隔板，两块平行于发射方向，一块垂直于发射方向。根据机械设计手册，结构材料采用铝合金 5A06[186]，材料密度 $\rho=$

2.64 g/cm³，则结构质量 M_{str}、卫星容积 V_{sat} 以及星体转动惯量由下式估算

$$\begin{cases} M_{str} = \rho\{[b^2 - (b-2t)^2]l + 2b^2t + 3(b-2t)tl - 2t^2l\}, V_{sat} = l(b-2t)^2 \\ I_{x,str} = I_{y,str} = (M_{sat} - M_{sp})(b^2 + l^2)/12, I_{z,str} = (M_{sat} - M_{sp})b^2/6 \end{cases} \tag{6-12}$$

其中，M_{sat} 为卫星总质量。太阳能帆板为正方形，帆板距离星体侧面的距离为 b，太阳能帆板的转动惯量为

$$\begin{cases} l_s = 1.5b + \sqrt{A_{sp}}/2 \\ I_{x,sp} = (l_s^2 + A_{sp})M_{sp}/24, I_{y,sp} = A_{sp}M_{sp}/24, I_{z,sp} = (l_s^2 + A_{sp}/12)M_{sp} \end{cases} \tag{6-13}$$

卫星的转动惯量及迎风面积为

$$\begin{cases} I_x = I_{x,str} + I_{x,sp}, I_y = I_{y,str} + I_{y,sp}, I_z = I_{z,str} + I_{z,sp} \\ A_f = b^2 + A_{sp} \end{cases} \tag{6-14}$$

结构分系统的设计还需要根据运载火箭的频率与过载特性等，考虑强度、刚度和稳定性要求，使得结构壁厚 t 满足刚度、强度、稳定性要求所设计的临界壁厚的最大值，即 $t = \max\{t_{str}, t_{stiff}, t_{stab}\}$，具体计算公式见文献[187]。如果卫星本体为圆柱体等其他构形，亦可按上述方法进行设计。

6.2.3.3　姿态确定与控制分系统

姿态确定与控制分系统（ADCS）起到调控、稳定卫星姿态的作用，包含卫星姿态与指向敏感器、执行器，如太阳敏、磁力矩器、动量轮等。在质量和功率计算过程中，通常综合考虑所需的部组件来计算分系统的总质量和功率。

这里不妨采用三个反作用飞轮对卫星姿态进行三轴稳定控制。考虑最坏情况扰动力矩，所需提供的角动量为

$$H = 0.707\frac{T_N}{4}(T_g + T_s + T_m + T_a) \tag{6-15}$$

$$T_g = 1.5\mu \mid I_z - I_y \mid \sin(2\theta_g)/(R_e + h)^3 \tag{6-16}$$

$$T_s = 0.3\cos 23.5° F_s A_f (1+q)/c \tag{6-17}$$

$$T_s = 2DM_{cj}/R_{cj}^3 \tag{6-18}$$

$$T_a = \frac{1}{2}\rho_h C_D A_f V^2 C_{pa-g} \tag{6-19}$$

其中，T_g、T_s、T_m、T_a 分别为重力梯度力矩、太阳辐射压力矩、地磁干扰力矩和空气动力矩。对地定向的观测卫星，T_g 是恒定的；θ_g 是指向精度，一般取为 1（°）/s；q 是反射系数；c 为光的速度；D 是卫星剩余磁偶极子（一般取1 A·m^3）；M_{cj} 是地球磁矩；R_{cj} 是地磁偶极子中心到卫星距离；T_a 是恒定的；C_{pa-g} 为卫星气动中心位置与质心所处位置的距离。

飞轮的规格可以根据计算的角动量 H 进行经验估计，参见文献［188］。为保证对飞轮进行有效卸载和控制，可以在三个方向分别设置磁力矩器。如果选择推力器来卸载和控制飞轮，其所需推力器规模的计算在下节推进分系统中讨论。ADCS 总质量和功率还将包括太阳敏、磁敏感器等用于姿态确定的部件。

6.2.3.4 推进分系统

推进分系统设计是根据速度增量需求估算推进剂质量 M_{fuel} 和分系统总质量 M_{pro}。假设对地观测卫星通过运载火箭直接进入预定的任务观测轨道，无需进行轨道转移，卫星速度增量主要用于轨道高度维持。推进剂质量 M_{fuel} 可按下式估算

$$M_{fuel}=k_{pr}M_{dry}\left[e^{\Delta V/I_{sp}g}-1\right] \tag{6-20}$$

其中，k_{pr} 为安全系数[122]，取为 1.1；g 为地球重力加速度；I_{sp} 为比冲，对应无水肼为 220 s；M_{dry} 为卫星干重。由此估算 M_{pro} 为

$$M_{pro}=M_{fuel}/k_{mf} \tag{6-21}$$

其中，k_{mf} 为推进剂质量占推进分系统总质量的比例，一般为 85％～93％，取 90％。

6.2.3.5 其他分系统

测控分系统（TTC）主要根据轨道高度、信噪比（SNR）、码速率 D_R 等参数估算数传功率 P_{ttc}。

数管分系统（CDH）、热控分系统的质量 M_{cdh}、M_{th} 占卫星干重的比例为 4％～6％，分别记为 c_{cdh_m}、c_{th_m}；而功率 P_{cdh}、P_{th} 一般为整星平均功率的 4％～6％，分别记为 c_{cdh_p}、c_{th_p}。上述分系统的具体学科模型参见文献［183］。

6.2.4　学科关系

根据建立的总体设计学科模型，对学科关系进行梳理，对地观测卫星总体设计结构矩阵（Design Structure Matrix，DSM）如图 6－3 所示。

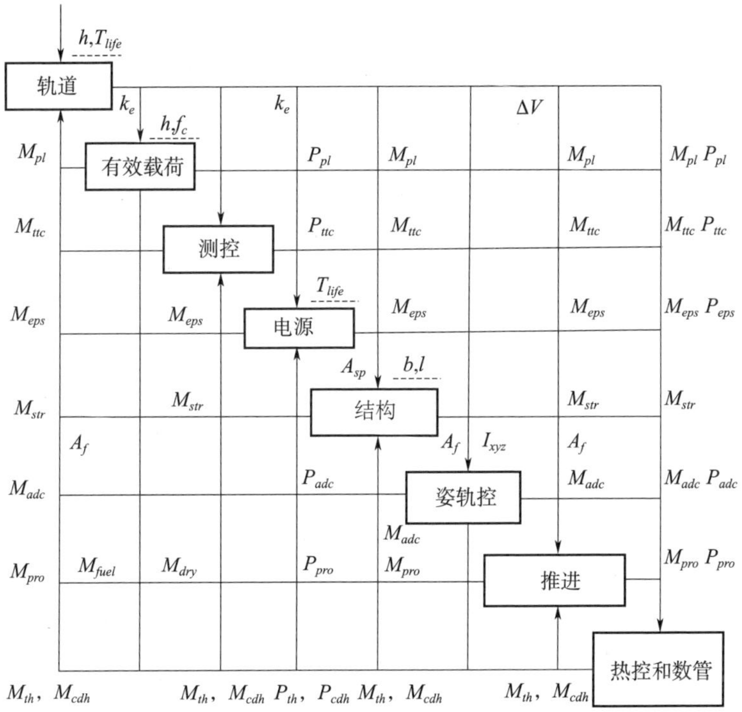

图 6－3　对地观测卫星总体设计结构矩阵

图 6－3 清晰描述了该问题学科组成及其耦合关系，带有下划虚线的符号表示设计变量，包括 5 个设计变量，分别是轨道高度 h、相机焦距 f_c、星体边长 b、星体高度 l 和任务周期 T_{life}。综合考虑该卫星任务特点，总体设计约束条件 g_1、g_2、g_3、g_4 和 g_5 分别为：分辨率 $d_s \leqslant 30\text{m}$、星蚀因子 $k_e \leqslant 0.35$、覆盖带宽 $S_w \geqslant 50\ \text{km}$、卫星容积 $V_{sat} \geqslant 0.5\ \text{m}^3$ 和结构可靠性因子 $F_{str} \geqslant 1$。

6.3 对地观测卫星总体不确定性传播分析

6.3.1 不确定性因素描述

本节对卫星总体设计学科模型中涉及的不确定性因素进行建模描述。

6.3.1.1 设计变量不确定性

设计变量包括卫星结构设计尺寸：边长 b 和高度 l 。在实际加工中，它们存在加工误差。假设加工误差为正态随机分布，同时由于加工误差的存在，CCD 相机焦距也存在微小的正态随机偏差。

卫星在地球扁率、太阳光压、低轨大气等诸多因素的影响下，轨道高度会存在不确定性的漂移，假设其服从截尾正态分布。此外，任务周期是一个关键的设计变量，实际过程中它存在一定随机偏差，影响着卫星工作寿命与星上关键器件的选取。设计变量的不确定性分布特征如表 6-1 所示，这些分布的中间值随设计变量的变化而变化。

表 6-1 对地观测卫星设计变量不确定性分布

学科	变量说明	符号	分布类型	标准差/偏差	编号
轨道	轨道高度/km	h	截尾正态	0.5	d_1
有效载荷	相机焦距/mm	f_c	正态	0.1	d_2
结构	星体边长/mm	b	正态	0.5	d_3
	星体高度/mm	l	正态	0.5	d_4
多学科	任务周期/年	T_{life}	正态	0.01	d_5

6.3.1.2 系统参数不确定性

(1) 结构分系统参数的不确定性

卫星材料属性因材料品质和加工差异等原因存在不确定性，材料属性参数具有大量的统计信息，一般认为材料密度、材料杨氏模量、纵向极限抗拉强度、纵向拉伸屈服强度等服从正态随机分布。

需要考虑的力学环境参数有火箭轴向基频、横向基频、轴向过载系数、横向过载系数等，不妨假定这些结构参数不确定性为正态分布。

这些不确定性因素会对卫星结构壁厚的设计构成直接影响。

（2）电源分系统参数的不确定性

太阳能电池阵转换效率 η_{sp} 与蓄电池能量转换效率 η_{ba} 在实际工作过程中不是确定的值，一般服从正态分布。同理，平均放电深度 $DOD\%$ 随着电池充放电次数的增加也会发生变化。

对于太阳能电池阵和蓄电池的质量计算，比能量质量密度 ρ_{sp} 、比容量 ρ_{ba} 的大小容易受材料品质、加工差异与工作时间的影响，根据工程经验，不妨按正态分布处理。

（3）推进分系统参数的不确定性

作为推进分系统质量估算的关键参数，比冲 I_{sp} 与推进剂质量占比 k_{mf} 存在不确定性偏差，在实际描述中用正态分布表征。

（4）经验估算参数的不确定性

如果总体设计学科模型中存在部分分系统质量与功率的经验估算，应该对其进行不确定性量化。在实际模型中这些基于估算参数的经验关系式可能并不准确，导致上述模型本身也存在不确定性。由于对各方面的信息了解不足，无法确定估算参数的分布特性，因此将其作为认知不确定性变量进行处理，用区间模型表征，从而提高不确定性分析和优化结果的准确性和可信度。

上述系统参数不确定性的分布情况如表 6－2 所示。

表 6－2　对地观测卫星系统参数不确定性分布

学科	变量说明	符号	分布类型	期望值/中间值	标准差/偏差	编号
结构	发射轴向基频/Hz	f_{axial}	正态	30.0	0.3	p_1
	发射横向基频/Hz	$f_{lateral}$	正态	15.0	0.15	p_2
	轴向过载系数	g_{axial}	正态	6.0	0.06	p_3
	横向过载系数	$g_{lateral}$	正态	3.0	0.03	p_4
	纵向拉伸屈服强度/(N/m²)	σ_{yield}	正态	3.2e8	3.2e5	p_5
	纵向极限抗拉强度/(N/m²)	$\sigma_{ultimate}$	正态	4.2e8	4.2e5	P_6
	杨氏模量/(N/m²)	E	正态	7.2e10	7.2e7	p_7
数管	数管分系统质量系数	c_{cdh_m}	区间	0.05	$\Delta_{ccdh\_m}=0.01$	p_8
	数管分系统功率系数	c_{cdh_p}	区间	0.05	$\Delta_{ccdh\_p}=0.01$	p_9
热控	热控分系统质量系数	c_{th_m}	区间	0.05	$\Delta_{cth\_m}=0.01$	p_{10}
	热控分系统功率系数	c_{th_p}	区间	0.05	$\Delta_{cth\_p}=0.01$	p_{11}

续表

学科	变量说明	符号	分布类型	期望值/中间值	标准差/偏差	编号
电源	太阳能电池阵效率	η_{sp}	正态	0.27	0.002	p_{12}
	比能量质量密度/(W·h/kg)	ρ_{sp}	正态	25.0	0.1	p_{13}
	平均放电深度	DOD	正态	0.4	0.01	p_{14}
	蓄电池能量转换效率	η_{ba}	正态	0.9	0.01	p_{15}
	蓄电池比容量/(W·h/kg)	ρ_{ba}	正态	45.0	0.1	p_{16}
推进	推进剂比冲/s	I_{sp}	正态	220	1.0	p_{17}
	推进剂质量占比	k_{mf}	正态	0.9	0.004	p_{18}

6.3.2 不确定性降维量化

对该 23 维不确定性分析问题的活跃子空间进行有效求解。为验证活跃子空间的维度，以卫星质量目标为例，在其设计空间随机取 100 组设计点，对每组设计点都可以进行活跃子空间降维与近似模型构建。基于有限差分方法对特征值与特征向量进行估计，这 100 组设计条件下，卫星质量对应矩阵 **C** 的前 3 个特征值如图 6-4 所示。虽然存在少量扰动影响，但对每一组设计点仍然存在显著的活跃子空间，λ_1 相比较最大且存在较大的间隔，因此可以用一维活跃子空间进行降维传播分析。

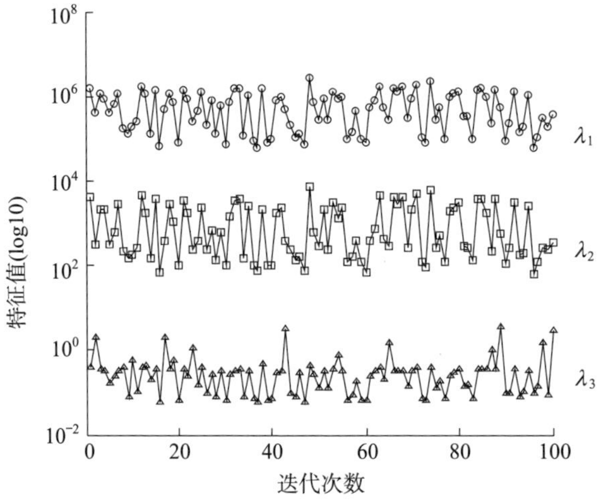

图 6-4　卫星不同设计情况对应的前 3 个特征值

一维活跃子空间构造系数见表 6-3、表 6-4，分别表示无设计变量不确定性、带设计变量不确定性情况，其中表 6－4 仅列出了 7 个较为显著（>0.1）的系数。可以发现，设计变量不确定性中影响较大的因素为任务周期与轨道高度；系统参数不确定性中影响较大的因素与质量相关，如推进剂质量系数、TTC 质量系数、热控质量系数等经验估计，因此需要更多的经验知识以对它们合理的估计值进行定义。对比表 6－3、表 6－4，引入设计变量不确定性时，参数不确定性对应的系数没有产生较大的变化。这些设计变量与参数不确定性的影响大小也反映了其全局灵敏度信息，为合理的参数选择与控制提供了参考。

表 6－3　仅考虑不确定性系统参数的灵敏度情况

p_1	p_2	p_3	p_4	p_5	p_6	p_7	p_8	p_9
0.004	−0.005	0.111	0.050	−0.006	0.001	−0.025	0.330	0.063
p_{10}	p_{11}	p_{12}	p_{13}	p_{14}	p_{15}	p_{16}	p_{17}	p_{18}
0.332	0.066	−0.195	−0.053	−0.175	−0.290	−0.013	−0.097	−0.768

表 6－4　不确定性设计变量与显著系统参数的灵敏度情况

d_1	d_2	d_3	d_4	d_5	p_3	p_8	p_{10}	p_{12}	p_{14}	p_{15}	p_{18}
0.115	−0.013	−0.069	−0.059	−0.211	0.109	0.322	0.321	−0.195	−0.175	−0.298	−0.73

为了验证子空间估计的精度，利用 Bootstrap 方法对子空间构造中较为显著（>0.1）的 8 个系数进行校验，如图 6－5 所示。可以看出，直方图基本都具有较窄的尖峰，而红色竖线表示的子空间系数正好处于尖峰附近，说明具有较高的置信度。随着计算样本的增多，降维量化的精度会逐渐提高。

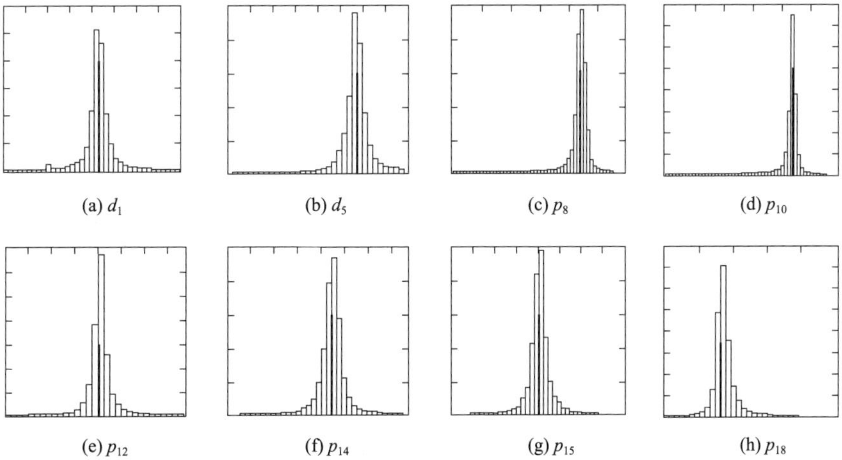

(a) d_1　(b) d_5　(c) p_8　(d) p_{10}

(e) p_{12}　(f) p_{14}　(g) p_{15}　(h) p_{18}

图 6－5　Bootstrap 方法对子空间系数进行校验（见彩插）

6.3.3 不确定性传播分析

基于识别的一维活跃子空间进行传播模型构建与分析。当不确定性分析目标是卫星系统总质量时，降维空间训练样本及拟合情况如图 6-6 所示，图 6-6（a）表示仅考虑随机不确定性时 ARSM 近似呈线性关系，可以获得一维自适应线性响应面。进一步地，考虑认知不确定性影响，构建的混合不确定性情况 AIRSM 模型如图 6-6（b）所示。这种基于降维空间的区间响应面模型可以根据优化过程中设计变量的改变进行参数更新，很好地搜索目标极值，保证较高的不确定性分析精度。

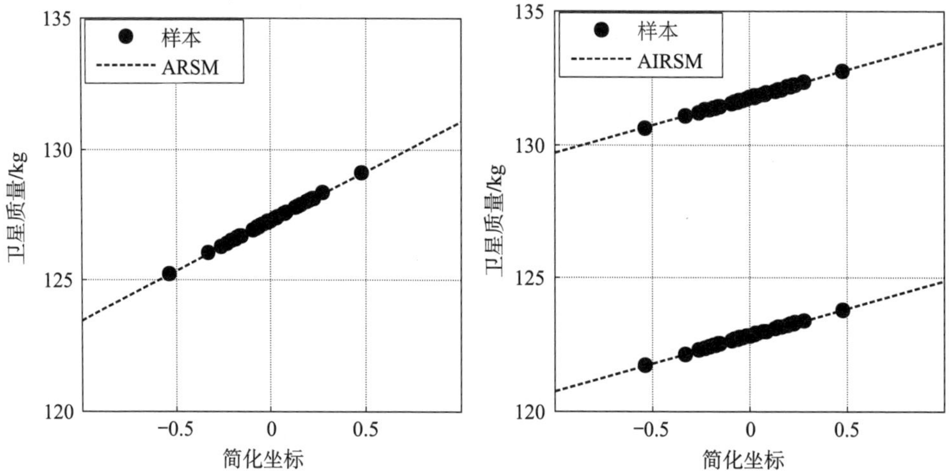

(a) 随机不确定性情况　　(b) 混合不确定性情况

图 6-6　卫星质量的近似 GAS 传播模型

同理，针对分析目标 C_{sat} 与 d_s，识别的一维活跃子空间如图 6-7 所示。基于显著性校验与交叉验证评价，验证结果见表 6-5，得出了该问题具有显著意义的一维 ARSM 传播模型，相关定量误差指标都很小，因而这种不确定性多学科传播分析具有很好的精度。

表 6-5　传播模型显著性校验与交叉验证结果

目标函数	R_{adj}^2	*MAE*	*SDE*	LOOCV 的 *MAE*	LOOCV 的 *SDE*
M_{sat}	1	0.089 2	0.068 7	0.096 5	0.075 2
C_{sat}	1	3.012	2.208	3.254	2.507

续表

目标函数	R_{adj}^2	MAE	SDE	LOOCV 的 MAE	LOOCV 的 SDE
d_s	1	0.030 6	0.027 5	0.033 5	0.030 7

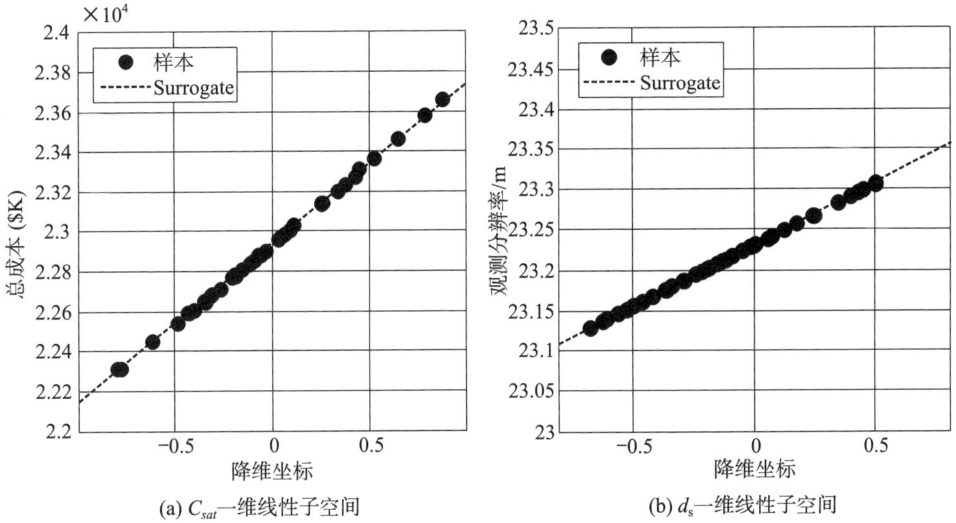

图 6-7　卫星成本与观测精度的近似活跃子空间

6.4　对地观测卫星总体不确定性优化设计

6.4.1　随机不确定性密度匹配优化

6.4.1.1　数学表述

首先考虑单独随机不确定性影响下的对地观测卫星总体设计。由于卫星质量与卫星成本直接正相关，因此期望满足可靠性要求的卫星质量最小，同时具有较小的标准差，以避免卫星成本风险。假定设计者给定一个合理的预期目标 t，则基于密度匹配设计的 UBDO 问题描述如下

$$
\begin{cases}
\text{find} & \mu_{\boldsymbol{d}}=[\mu_h \mu_{f_c} \mu_b \mu_l \mu_{T_{life}}] \\
\min & L(T(f_{M_{sat}}), S_d(f_{M_{sat}})) \\
\text{s. t.} & g_1:\Pr\{d_s \leqslant 30\ \text{m}\} \geqslant 0.99 \\
& g_2:\Pr\{k_e \leqslant 0.35\} \geqslant 0.99 \\
& g_3:\Pr\{S_w \geqslant 50\ \text{km}\} \geqslant 0.99 \\
& g_4:\Pr\{V_{sat} \geqslant 0.5\ \text{m}^3\} \geqslant 0.99 \\
& g_5:\Pr\{F_{str} \geqslant 1\} \geqslant 0.99 \\
& 200\ \text{km} \leqslant \mu_h \leqslant 1\,000\ \text{km}, 200\ \text{mm} \leqslant \mu_{f_c} \leqslant 600\ \text{mm} \\
& 400\ \text{mm} \leqslant \mu_b \leqslant 1\,000\ \text{mm}, 400\ \text{mm} \leqslant \mu_l \leqslant 1\,000\ \text{mm} \\
& 1\,\text{年} \leqslant \mu_{T_{life}} \leqslant 5\,\text{年} \\
\text{where} & S_d=\text{CDF}_f, \boldsymbol{x}=(\boldsymbol{d},\boldsymbol{p})
\end{cases}
\tag{6-22}
$$

其中，$\boldsymbol{d}$ 与 $\boldsymbol{p}$ 分别表示设计变量与系统参数不确定性。所有约束要求满足的可靠度不小于 99%，以保证设计方案的可行性。基于给出的密度匹配设计优化方法，需要考虑各设计变量在降维空间的梯度情况，如图 6-8 所示，可以近似用一维 ARSM 模型拟合。还可以发现，h 和 T_{life} 对系统输出结果的影响较大，这与 6.3.2 节中的分析结果是一致的。

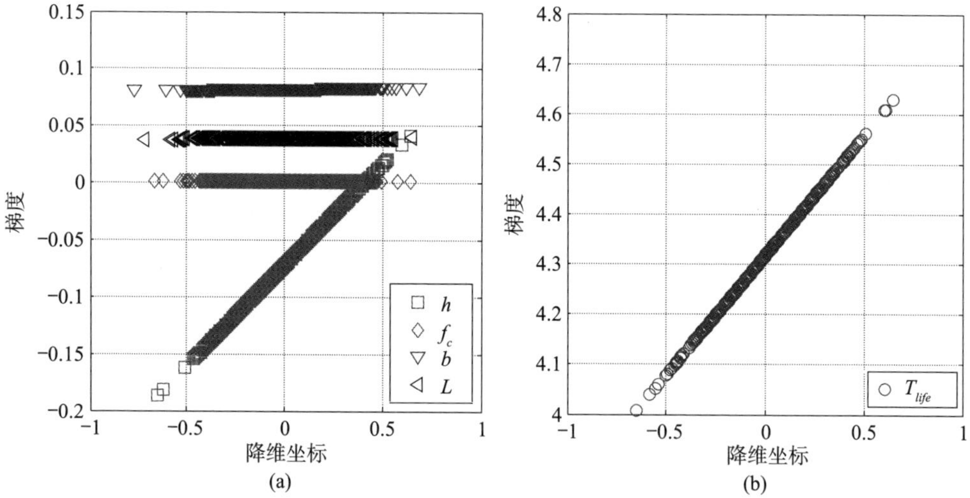

图 6-8　设计变量梯度随降维坐标的变化

6.4.1.2　优化结果

基于本书图 4－2 所示的优化框架，通过不断减小系统响应与预期目标之间的距离度量，可以获得满足所有约束的最优设计结果。进一步地，可以探讨不同预期目标的分布形式对优化结果的影响。假设设计者给定如下三个预期目标：

1）t_G：均值 122、标准差 1.5 的正态分布；

2）t_U：[119.5，124.5] 上的均值分布；

3）t_C：F_c(122，1) 的柯西分布。

对这三个预期分布目标，分别进行了基于 PDF 或 CDF 的密度匹配优化，设定第一级、第二级优化最大迭代次数分别为 50 次、300 次。如图 6－9～图 6－11，它们均获得了较好的最优解，相应目标系统响应逼近预期目标，其中以正态分布为预期目标时优化结果最好，最为逼近预期结果，说明该目标函数分布包含某些正态项，同时可获得最优解的各阶矩信息。还可以看出，基于 CDF 的密度匹配优化结果优于 PDF 匹配优化，与预期目标更为靠近，这说明 CDF 匹配优化更适合于卫星总体优化设计，将在表 6－6 中进行详细比较。

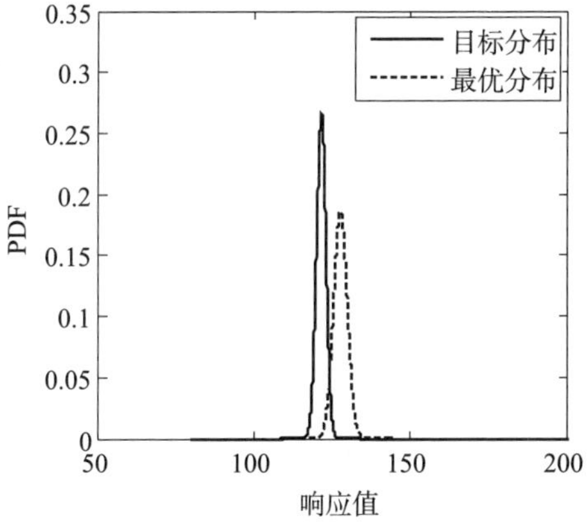

(a) PDF匹配

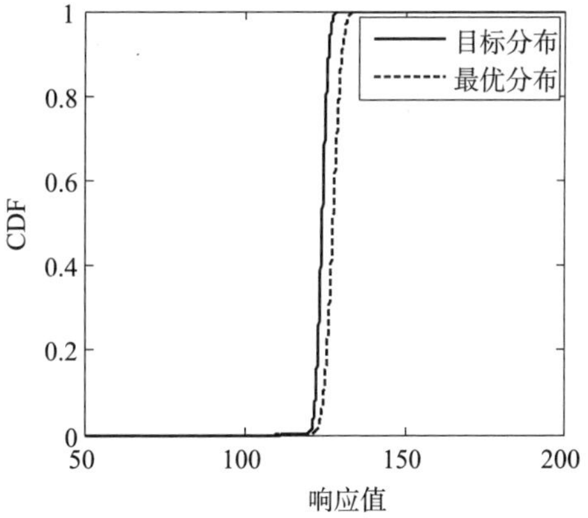

(b) CDF匹配

图 6－9　预期目标为正态分布时密度匹配优化结果

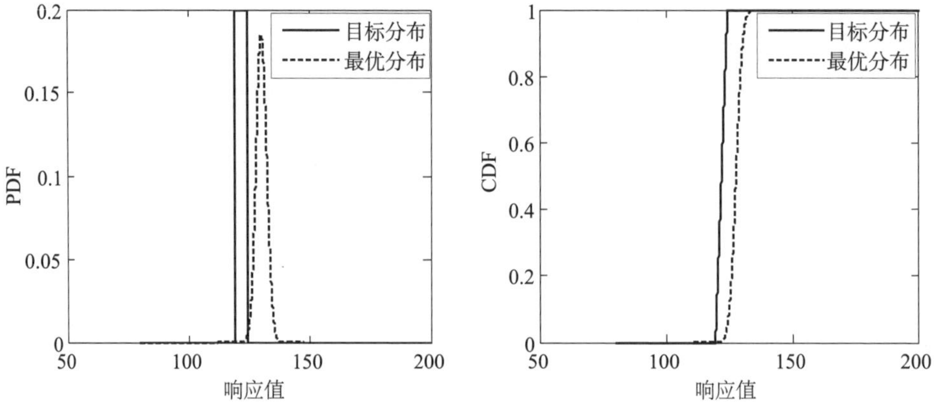

(a) PDF匹配　　(b) CDF匹配

图 6-10　预期目标为均值分布时密度匹配优化结果

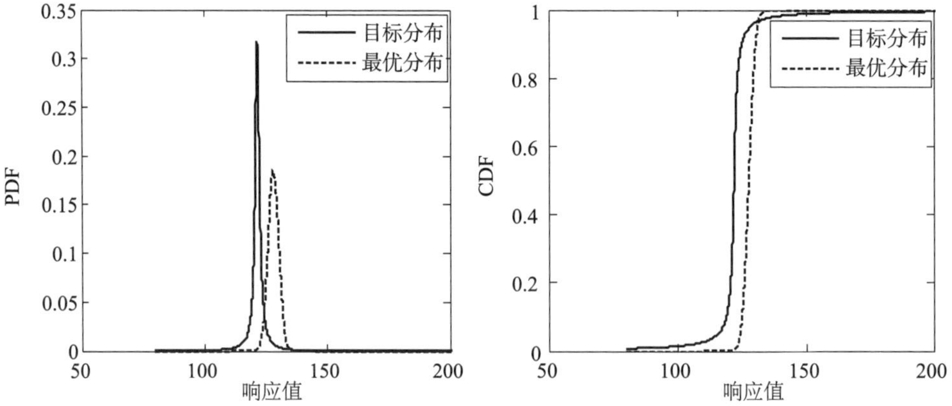

(a) PDF匹配　　(b) CDF匹配

图 6-11　预期目标为柯西分布时密度匹配优化结果

6.4.1.3　对比分析

针对 t_G 、t_U 和 t_C 三种预期目标情况，密度匹配优化结果见表 6-6，它们均很好地满足了可靠度约束，且均值、标准差都优于初始设计结果。相比 PDF 匹配优化，CDF 匹配优化获得的最优解较好，验证了本书方法的优越性。此外，从它们的匹配距离大小还可以比较优化结果的优劣，如预期目标为正态分布情况，目标度量 L 最小，反映该优化问题以正态分布为预期目标精度相对最好。因此，本书方法用相对较低的计算成本，可以在优化设计中考虑目标函数所有阶矩信息，充分挖掘了设计潜力，保证了优化效果，其最优解更为让人信服。

表 6－6　不同密度匹配条件下对地观测卫星优化设计结果

项目	初始设计	t_G		t_U		t_C	
		PDF 匹配	CDF 匹配	PDF 匹配	CDF 匹配	PDF 匹配	CDF 匹配
最优解 μ_d	680.0 289.0 750.0 900.0 1.0	751.28 290.37 758.57 892.58 1.004	755.78 276.41 779.23 837.76 1.003	748.29 289.76 780.61 898.82 1.003	751.39 289.05 762.52 874.08 1.003	740.71 289.76 758.75 885.50 1.035	751.02 287.37 762.42 874.51 1.003
目标均值	133.75	128.15	127.44	130.42	127.75	128.52	127.77
标准差	1.801 4	1.553 2	1.562 2	1.571 3	1.567 5	1.591 3	1.555 1
$\Pr\{d_s \leqslant 30\ \text{m}\}$	1	1	1	1	—	1	1
$\Pr\{k_e \leqslant 0.35\}$	1	1	1	1	—	1	1
$\Pr\{S_w \geqslant 50\ \text{km}\}$	1	1	1	1	—	1	1
$\Pr\{V_{sat} \geqslant 0.5\ \text{m}^3\}$	0.205 0	1	0.999 0	1	0.990	0.990	0.990
$\Pr\{F_{str} \geqslant 1\}$	1	1	1	1	—	1	1
L	—	0.084	0.052	0.168	0.059	0.104	0.055

6.4.2　随机不确定性多目标优化

6.4.2.1　数学表述

当前高精度对地观测卫星技术发展迅猛，要求在轨运行过程中能够保持对地观测精度具有良好的稳定性，因此卫星观测精度的标准差 σ_{d_s} 越小越好，由此带来了卫星总体不确定性多目标优化设计的问题。在不确定性影响下，要求所有约束的可靠度不小于 99%，优化目标包含卫星质量、成本和观测精度，是一个典型的不确定性多目标优化问题，对应的 UMOOP 表述如下：

$$
\begin{cases}
\text{find} & \mu_{\boldsymbol{d}} = [\mu_h \quad \mu_{f_c} \quad \mu_b \quad \mu_l \quad \mu_{T_{life}}] \\
\min & L(\mu_{t_M}, \mu_{M_{sat}}), L(\mu_{t_C}, \mu_{C_{sat}}), L(\sigma_{t_d}, \sigma_{d_s}) \\
 & \mu_{M_{sat}} = \int M_{sat} s_d(M_{sat}) \mathrm{d}M_{sat}, \mu_{C_{sat}} = \int C_{sat} s_d(C_{sat}) \mathrm{d}C_{sat} \\
 & \mu_{d_s} = \int d_s s_d(d_s) \mathrm{d}d_s, \sigma_{d_s} = \sqrt{\int d_s^2 s_d(d_s) \mathrm{d}d_s - \mu_{d_s}^2} \\
\text{s.t.} & g_1: \Pr\{d_s \leqslant 30\ \mathrm{m}\} \geqslant 0.99 \\
 & g_2: \Pr\{k_e \leqslant 0.35\} \geqslant 0.99 \\
 & g_3: \Pr\{S_w \geqslant 50\ \mathrm{km}\} \geqslant 0.99 \\
 & g_4: \Pr\{V_{sat} \geqslant 0.5\ \mathrm{m}^3\} \geqslant 0.99 \\
 & g_5: \Pr\{F_{str} \geqslant 1\} \geqslant 0.99 \\
 & 200\ \mathrm{km} \leqslant \mu_h \leqslant 1\ 000\ \mathrm{km}, 200\ \mathrm{mm} \leqslant \mu_{f_c} \leqslant 600\ \mathrm{mm} \\
 & 400\ \mathrm{mm} \leqslant \mu_b \leqslant 1\ 000\ \mathrm{mm}, 400\ \mathrm{mm} \leqslant \mu_l \leqslant 1\ 000\ \mathrm{mm} \\
 & 1\ \text{年} \leqslant \mu_{T_{life}} \leqslant 5\ \text{年} \\
\text{where} & \mu_{t_M} = \mu_{t_C} = \sigma_{t_d} = 0, \boldsymbol{x} = (\boldsymbol{d}, \boldsymbol{p})
\end{cases}
\tag{6-23}
$$

其中，$s_d(\cdot)$ 表示相应优化目标的密度函数，预期目标低阶矩信息不妨设为 0。卫星质量、成本的均值和观测精度标准差均可由本书 GAS - ARSM 方法获得，卫星成本模型按 7.2.3 节获得，这里的约束要求与设计空间同式（6 - 22）。

6.4.2.2 优化结果

基于动态罚函数的 UMOAA 算法，迭代次数为 2 000，得到了在三维目标函数空间均匀分布的 Pareto 最优解，如图 6 - 12 所示，图中每一个设计点代表一组非劣解。可以明显看出三个优化目标间的权衡关系，其中地面分辨率标准差与卫星质量、成本均负相关，即地面分辨率精度较高时，卫星质量、成本会较大。基于这些 Pareto 最优解，根据实际设计需要，可以合理选择可行的最佳设计方案。

如果设计者选择图 6 - 12（b）所示的 A 设计方案，那么这个可靠、稳健的设计具有最小的卫星质量与成本；相反，如果想获得 C 设计方案的高稳定观测精度，相应需要投入更多的经济成本；而 B 设计方案是一个多目标间的折中方案。表 6 - 7 对比了不同目标折中情况下的卫星优化设计结果，可以看出随着轨道高度的降低，卫星质量与成本有所增加，但观测精度得到提高。事实上，现有大多数对地观测卫星运行在 600～800 km 的轨道，如 ERS－1、ERS－2、Proba－1、Proba－2、SMOS 等观测卫星[189]，由此说明本书求得的 Pareto 最优设计解是合理的，其 UMOOP 求解结果对于型号研制具有重要的参考价值。

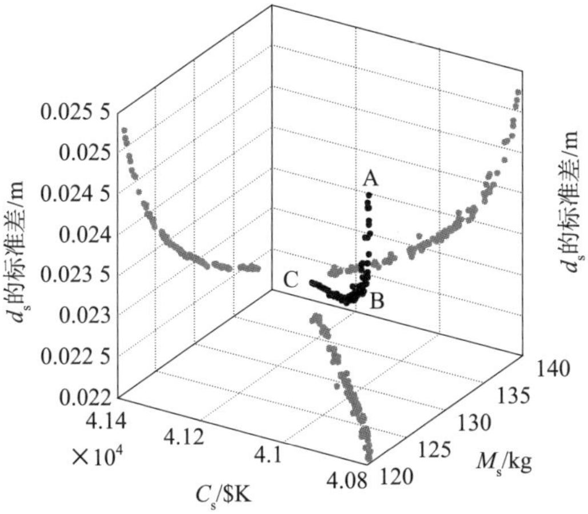

(a) 3维目标分布

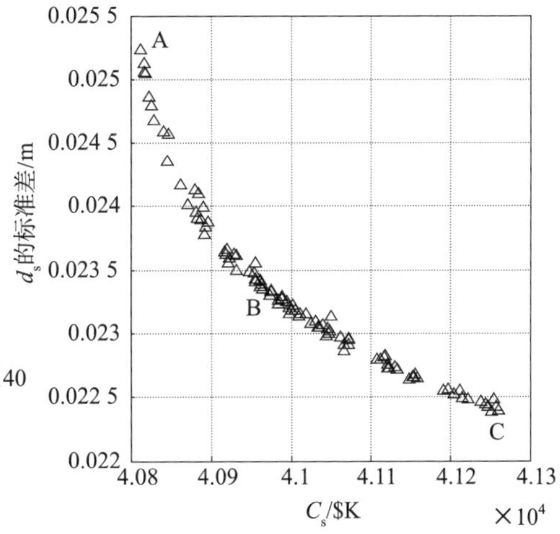

(b) C_s- σ_{d_s}面投影

图 6－12　多目标优化的 Pareto 最优解

表 6－7　不同折中方案的对地观测卫星优化设计结果

类型	符号	方案 A	方案 B	方案 C
设计变量	μ_h/km	788.8	656.7	605.7
	μ_{f_c}/mm	299.8	299.7	299.6
	μ_b/mm	718.9	719.0	720.8
	μ_l/mm	982.2	982.3	980.6
	$\mu_{T_{life}}$/年	1.0	1.0	1.0
约束	d_s/m	28.72，Pr＝1	23.90，Pr＝1	22.04，Pr＝1
	S_w/km	65.43，Pr＝1	54.37，Pr＝1	50.12，Pr＝1
	k_e	0.246，Pr＝1	0.269，Pr＝1	0.279，Pr＝1
	V_{sat}/m^3	0.500 4，Pr＝1	0.500 6，Pr＝1	0.502，Pr＝1
	F_{str}	1.274，Pr＝1	1.289，Pr＝1	1.301，Pr＝1

续表

类型	符号	方案 A	方案 B	方案 C
目标函数	μ_{Ms}/kg	121.12	129.8	138.07
	σ_{Ms}/kg	1.500	1.627	1.709
	μ_{Cs}/\$K	40 829	41 024	41 261
	σ_{ds}/m	0.025	0.023	0.022

对于表 6-7 中的三种 Pareto 最优设计情况，对应 GAS 不确定性传播分析结果如图 6-13 所示，而全维 MCS 分析作为基准，验证所得目标分布函数的正确性。可以发现，GAS 传播结果与 MCS 分析是一致的，两者相应目标函数的均值、标准差也比较接近。例如，A 设计方案，与 MCS 分析得到的卫星质量均值 121.312 8 和标准差 1.538 1 相比，设计结果均值与标准差的误差分别为 0.2%与 2.5%左右，表明具有较高的分析精度。

同理，可以分析卫星成本、观测精度等其他目标函数 GAS 高效传播的误差。从图 6-13 中还可以看出，卫星质量与卫星成本呈正比关系，即当设计方案的卫星质量增大时，卫星成本也增加。上述结果也进一步验证了本书 UBDO 方法的优化效率与精度。

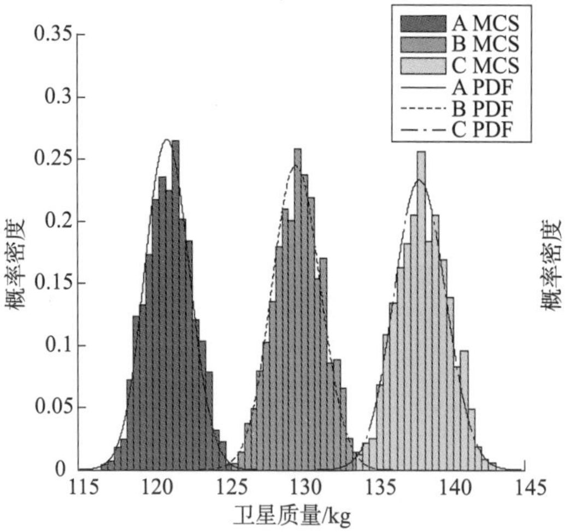

(a) 卫星质量分布

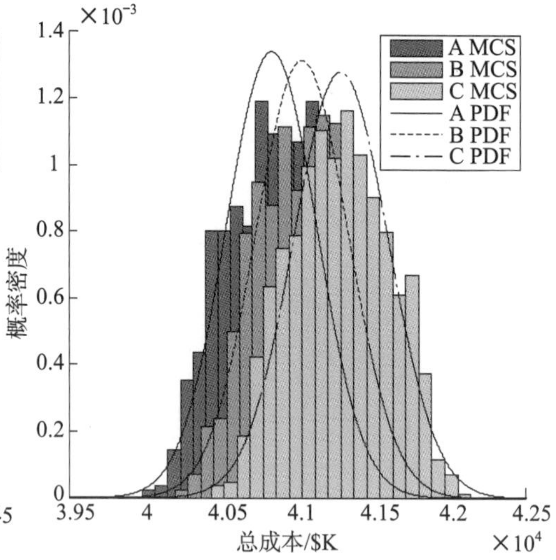

(b) 卫星成本分布

图 6-13　全维 MCS 对三种 PO 设计方案的验证

6.4.2.3 后处理分析

对于该问题三个优化目标进行后处理分析，基于二维 KDE，对它们两两之间的耦合关系进行可视化，如图 6－14 和图 6－15 所示。图 6－14 表示不同样本点数情况下，卫星质量目标（x 轴）与观测精度目标（y 轴）的相关性，可以看出，随着样本点数的增加，二者相关性系数 R 趋近于 0，表明它们基本线性无关，如表 6－8 所示。

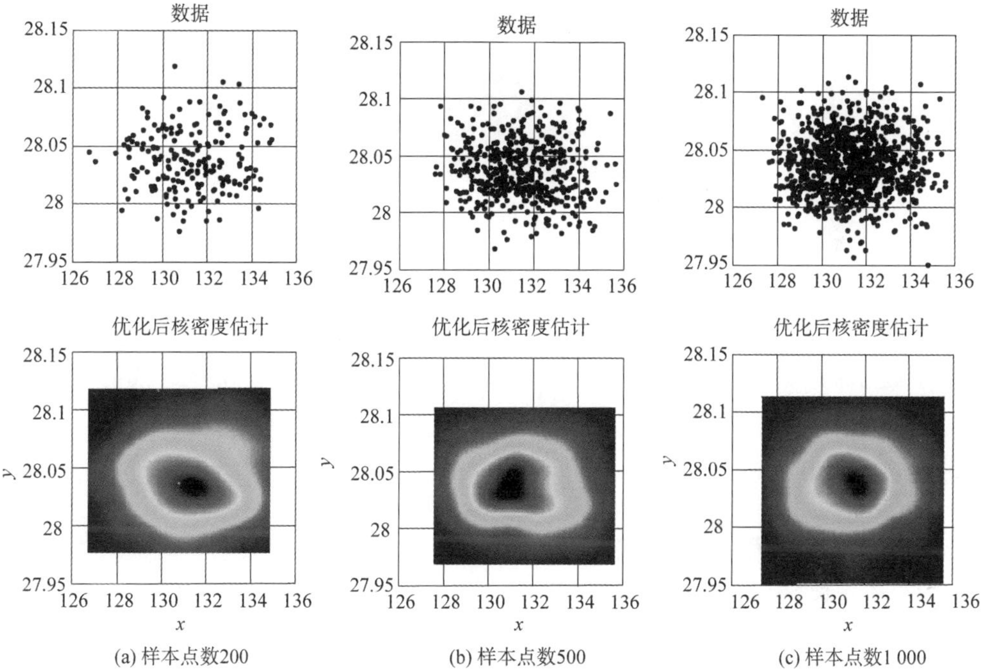

图 6－14 卫星质量与观测精度相关性随样本点数的变化

表 6－8 对地观测卫星优化目标之间的相关性

不同样本点数	200	500	1000
卫星质量与观测精度相关性系数 R	1.000 0—−0.039 1 −0.039 1—1.000 0	1.000 0—−0.026 0 −0.026 0—1.000 0	1.000 0—0.008 4 0.008 4—1.000 0
卫星质量与卫星成本相关性系数 R	1.000 0—0.924 5 0.924 5—1.000 0	1.000 0—0.936 6 0.936 6—1.000 0	1.000 0—0.945 9 0.945 9—1.000 0

同理可以得出卫星质量与卫星成本的相关性，如图 6－15 所示，当样本点数为 1 000 时，近似相关性系数 R =0.945 9，近似呈完全正比关系，即当

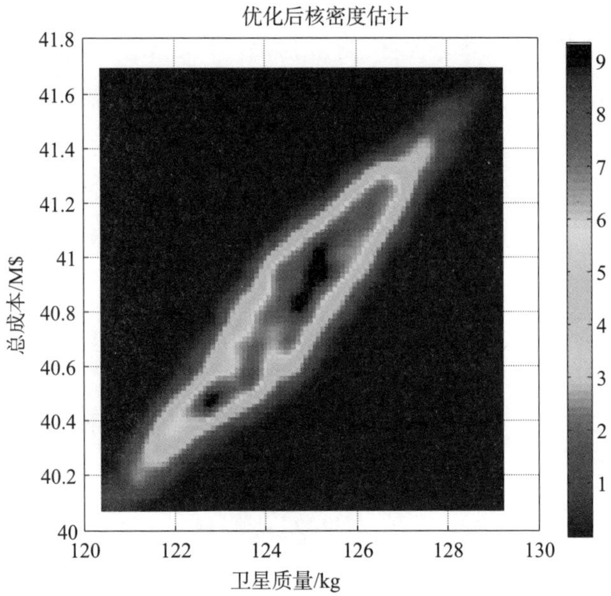

图 6-15　卫星质量目标与成本目标近似完全正相关

卫星设计质量增大时，卫星成本也对应增加，这与工程实际是一致的。多目标之间的相关性分析有利于 UMOOP 的求解，也为设计者进行多目标合理权衡提供了很好的参考。

6.4.3　混合不确定性密度匹配优化

6.4.3.1　数学表述

本节进一步考虑卫星总体设计学科模型中涉及的认知不确定性，对混合不确定性条件下的对地观测卫星总体设计进行讨论。本书主要对卫星质量的可信性分布进行优化，使得满足可信性要求的卫星质量最小。

则基于 CBF 密度匹配设计的 UBDO 问题描述如下

$$
\begin{cases}
\text{find} & \mu_{\boldsymbol{d}} = [\mu_h \quad \mu_{f_c} \quad \mu_b \quad \mu_l \quad \mu_{T_{life}}] \\
\min & L(T(f_{M_{sat}}), S_d(f_{M_{sat}})) \\
\text{s.t.} & g_1: \text{Bel}\{d_s \leqslant 30\ \text{m}\} \geqslant 0.99 \\
& g_2: \text{Bel}\{k_e \leqslant 0.35\} \geqslant 0.99 \\
& g_3: \text{Bel}\{S_w \geqslant 50\ \text{km}\} \geqslant 0.99 \\
& g_4: \text{Bel}\{V_{sat} \geqslant 0.5\ \text{m}^3\} \geqslant 0.99 \\
& g_5: \text{Bel}\{F_{str} \geqslant 1\} \geqslant 0.99 \\
& 200\ \text{km} \leqslant \mu_h \leqslant 1\,000\ \text{km}, 200\ \text{mm} \leqslant \mu_{f_c} \leqslant 600\ \text{mm} \\
& 400\ \text{mm} \leqslant \mu_b \leqslant 1\,000\ \text{mm}, 400\ \text{mm} \leqslant \mu_l \leqslant 1\,000\ \text{mm} \\
& 1\ 年 \leqslant \mu_{T_{life}} \leqslant 5\ 年 \\
\text{where} & S_d = \text{CBF}_f, \boldsymbol{x} = (\boldsymbol{d}, \boldsymbol{p})
\end{cases}
\tag{6-24}
$$

其中，S_d 为卫星质量的累积可信性分布函数。系统参数不确定性中的四个经验估算系数为认知不确定性，用区间形式表示，见表 6－2。所有约束可信性分布的可靠度不小于 99%，以保证设计方案的可行性。

6.4.3.2　优化结果

基于本书 GAS－AIRSM 传播分析与 CBF 匹配优化方法，通过不断减小系统响应与预期目标分布函数之间的距离度量，获得满足所有可信性约束的最优设计解。不妨以均值 122、标准差 1.5 的正态分布为预期目标，优化过程中初始解在满足约束条件下不断逼近预期目标，最终收敛的 CBF 匹配优化结果如图 6－16（b）所示。

进一步地，在最优解处可以给出求得 M_{sat} 的累积可信性/似然性分布函数与 MCS 求得的累积可信性/似然性分布函数，可以看出，两者几乎重合（图 6－17）。本应用实例的优化结果验证了 GAS－AIRSM 与 CBF 匹配设计优化方法的有效性。

6.4.3.3　对比分析

该混合不确定性优化问题的密度匹配结果见表 6－9。可以看出，它们均获得了可靠的最优解。由于对基于可信性分布进行优化，相比单独随机不确定性情况（表 6－6），目标均值稍大。与可信性 PDF 匹配优化相比，CBF 匹

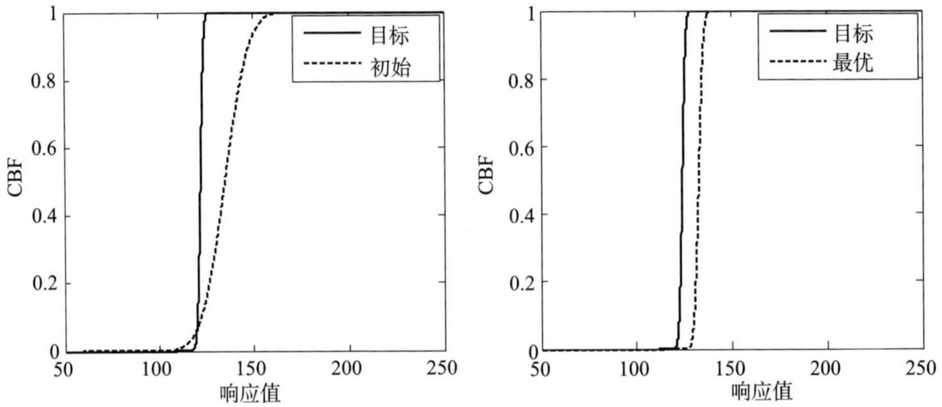

(a) 初始解 (b) 最优解

图 6-16 混合不确定性 CBF 匹配优化结果

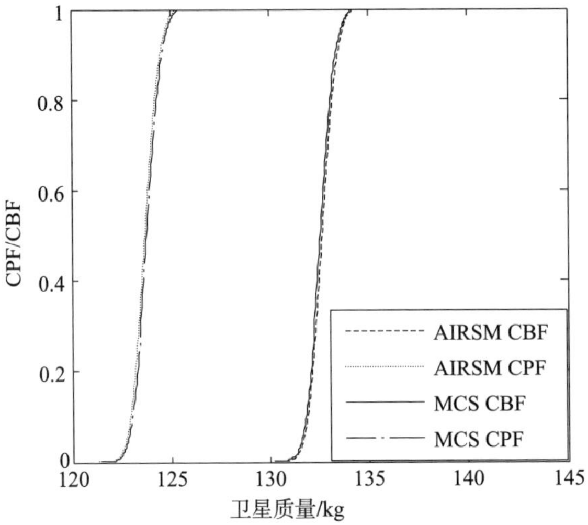

图 6-17 M_{sat} 的累积可信性/似然性分布函数

配优化的最优解较好，验证了本书方法在混合不确定性优化中的效能。在保证优化效率的同时，使得满足可信性要求的卫星质量最小，并可以考虑目标函数所有阶矩信息。

表 6-9 卫星总体设计混合不确定性优化结果

项目	可信性 PDF 匹配	CBF 匹配
最优解 μ_d	751.60 290.37 758.99 892.77 1.0	758.21 276.56 778.65 838.49 1.0
目标均值	132.69	131.73
$\mathrm{Bel}\{d_s \leqslant 30\ \mathrm{m}\}$	1	0.999 0
$\mathrm{Bel}\{k_e \leqslant 0.35\}$	1	1
$\mathrm{Bel}\{S_w \geqslant 50\ \mathrm{km}\}$	1	1
$\mathrm{Bel}\{V_{sat} \geqslant 0.5\ \mathrm{m}^3\}$	0.999 0	0.996 0
$\mathrm{Bel}\{F_{str} \geqslant 1\}$	1	1
L	0.089	0.053

第 7 章　基于 UBDO 的月球探测纳星总体设计

随着微纳卫星技术与应用的不断发展，利用微纳卫星开展低成本行星间探测已经成为目前航天领域的热点研究问题。NASA 于 2012 年、2015 年陆续提出行星间探测的立方星（CubeSat）计划[190-192]。国内在这一领域研究较少，而国外多个科研机构与院校正在研究用于月球探测的纳型航天器，如美国加州洛杉矶分校、麻省理工学院、英国萨里卫星技术公司、帝国理工大学等[193-195]。纳型航天器也称纳星，其质量一般不超过 10 kg，但从国内外纳星研制情况和文献来看，10 kg 级左右的卫星都可归为纳星，如日本发射的环月 Hagoromo 纳星[196]。然而，为实现月球、火星等深空探测任务，纳型航天器面临着更高可靠性、更长工作寿命、更大转移速度增量的挑战，分系统或星上器件技术明显需要提高，但用于总体方案优化与任务风险评估的先进总体设计方法也亟待研究。

对不确定性影响的忽视已经造成了不少低地球轨道（LEO）微纳卫星的性能降级与功能故障，甚至任务失败，这对月球等深空探测微纳卫星将带来更糟糕的影响，而在其概念设计阶段充分考虑不确定度传播，是提高系统鲁棒性和可靠性的最有效途径。针对高度集成、耦合强烈、不确定性影响严重的微纳卫星，本章结合前面章节 UBDO 的研究，以月球探测纳星总体设计优化为研究对象，对该类卫星任务进行功能分析与初步设计。结合月球探测任务的特殊性，探讨轨道模型、有效载荷、推进分系统、通信分系统以及成本模型，并对学科间耦合关系进行分析。对上述模型涉及的不确定性因素进行降维与传播分析，进一步论证存在的活跃子空间及其不确定性分析的精度/效率。鉴于月球探测纳星总体设计属典型的复杂多目标优化问题，建立集成本书 UBDO 方法的 iSIGHT 优化设计平台进行有效求解与讨论，通过与现有确定性优化方法对比，验证其应用效果。

7.1　月球探测纳星总体设计问题

月球探测卫星总体设计极为复杂，必须综合考虑卫星性能、成本、可靠性及发射运载、测控、轨道等各方面的因素，并针对月球探测任务的特点进行多目标权衡和优化，在合理的可靠性约束条件下有效搜索设计空间。特别是对重量/尺寸/功耗受限条件下的纳星探测任务，如何在保证工作寿命、系统总体性能要求的前提下，充分分析主要不确定性因素对任务风险与成本的影响，尽可能提高探测信息的费效比，是月球探测纳星总体设计需解决的重要问题。

7.1.1　任务分析

月球探测纳星的主要任务是实现环月探测，观测区域为全月面覆盖，其科学目标为对月球表面进行全方位成像，基于图像信息分析月面形成与构造情况。针对任务目标，月球探测纳星需要配备微型化成像相机，要求其月面分辨率指标高于 d_s 。同时，月球探测区域为全球覆盖，即卫星相机扫过区域的合成应该覆盖全月面，满足一定覆盖带重叠率 σ_{w0} 的要求。作为深空探测任务，所获得的单位信息量成本 $f_{C-I}=C_{sat}/I_D$，即费效比通常是设计者所关心的重要指标，在探月卫星总体优化设计时应该加以考虑。

与地球探测卫星相比，月球探测卫星的功能要求是类似的，但探测对象和探测环境的特殊性为月球探测卫星的总体设计带来一些困难。月球与地球相距较远，卫星发射、测控与通信技术难度大；月球表面不存在大气层以及类似于地磁场的磁场，因而探月卫星轨道与姿态控制不同于地球卫星。月球探测卫星总体设计需综合考虑诸多耦合的学科因素，如任务周期和载荷功率的变化会影响电源分系统质量、功率及成本；环月轨道参数的选取会影响从发射经地月转移至环月期间的轨道机动能力，进而影响整个卫星的总质量与总成本。

因此，月球探测纳星总体设计是一个多学科权衡和反复迭代的过程，加上在地月轨道转移以及环月轨道探测的过程中都存在大量的不确定性影响，是一个复杂非线性且耦合带宽较窄的典型 UBDO 问题。该纳星构型继承目前较为成熟的立方星平台进行适应性改进，结合月球探测任务的特点与需求，重点关注进行适应性修改的分系统及其所受的不确定性影响，从而实现面向稳健性与可靠性的月球探测纳星总体不确定性优化设计。

7.1.2 初步设计

一般月球探测卫星主要包括有效载荷、姿轨控、推进、数管、电源、遥测、结构和热控八个分系统。该探测纳星的初始轨道和环月轨道均设计为圆轨道，卫星姿态要求为三轴稳定，载荷方向对月，太阳能帆板对日，天线对地设计。卫星任务周期 L_T 不少于 1 年。进一步地，为了便于 UBDO 建模与求解，作如下假设：

1）考虑月球探测任务及纳星本身的特点，把微型化 CCD 相机作为主要有效载荷，其他辅助探测仪器简化考虑；

2）发射运载可沿用常见的一箭多星方案，停泊轨道和环月轨道的调相段暂不考虑，参考原有方案实现；

3）对于月球探测任务，可能会面临地球范·艾伦辐射带、脱离磁场环境等影响，需要特别考虑纳星防辐射增强措施，配备相应防护材料，本书将这部分的设计进行简化，假设在设计余量中考虑。

考虑各学科模型，开展系统分析与优化之前，需要对纳星各分系统实现方案进行选定。按照任务需求，该纳星系统可以划分为有效载荷和卫星平台，如图 7－1 所示，按“方案树”的形式分析了各分系统的基本实现方式，以便后面章节进行纳星总体设计模型构建。必须充分考虑不确定性影响下的各个分系统响应情况，以获得整星可靠性稳健设计方案。

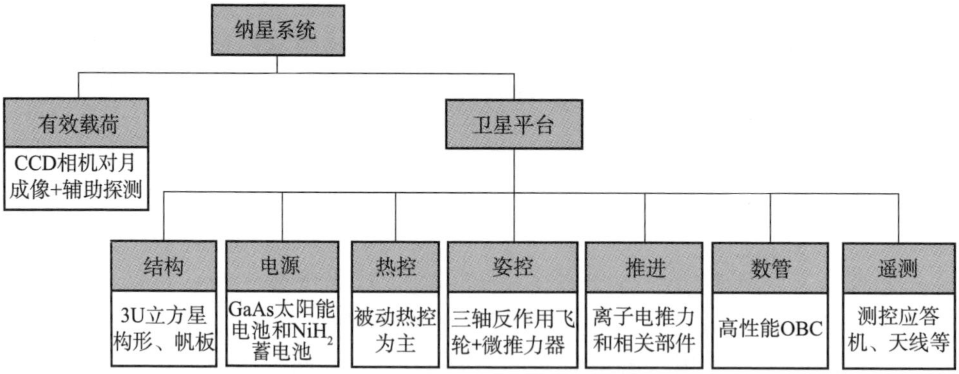

图 7－1 月球探测纳星系统初步设计分解图

7.2　月球探测纳星总体设计学科模型

下面对月球探测纳星总体设计学科模型进行建模。根据上节的假设，3U 立方星平台中结构、热控、姿控和数管四个学科模型可以基本上保持不变，而电源分系统的太阳能帆板面积与质量、蓄电池质量可按 6.2.3 节中的模型进行计算。这里主要考虑轨道模型、推进与遥测（通信）分系统模型，另外由于月球探测的特殊性，需要在其总体设计中额外考虑成本模型。

7.2.1　轨道模型

对于月球探测卫星，长距离地月转移轨道设计是极为复杂的。为了合理简化轨道模型复杂度，通过采用改进的 Edelbaum 方程[197,198]，基于两圆轨道之间的低推力轨道转移策略，符合微纳卫星重量/尺寸/功耗受限的特点。假设该探测纳星无运载火箭或部署装置附加的额外速度增量，则用于轨道转移的总速度增量 ΔV 表达式为

$$\Delta V = V_0 \cos\beta_0 - \frac{V_0 \sin\beta_0}{\tan\left(\frac{\pi}{2}\Delta i + \beta_0\right)} \tag{7-1}$$

$$\tan\beta_0 = \frac{\sin\left(\frac{\pi}{2}\Delta i\right)}{\frac{V_0}{V_1} - \cos\left(\frac{\pi}{2}\Delta i\right)} \tag{7-2}$$

$$V_0 = \sqrt{\frac{\mu_{earth}}{R_e + h_0}}, V_f = \sqrt{\frac{\mu_{earth}}{R_e + h_f}} \tag{7-3}$$

其中，Δi 表示轨道面倾角的变化，β_0 表示最初推力矢量方向角。这里轨道转移始于 $h_0 = 600$ km、倾角 60°的 LEO，终于 $h_f = 384\ 000$ km、倾角 23°的月球平均轨道，$\mu_{earth} = 3.986 \times 10^{14}\ \mathrm{m^3/s^2}$。螺旋式转移过程的仿真如图 7-2 所示。$\Delta V$ 计算对于卫星任务周期与推进剂质量的计算起到关键作用。总的轨道转移时间为 $L_{Tt} = \Delta V / a_T$，这里 a_T 是推力加速度。

卫星推力方位角、速度大小以及轨道面倾角变化分别可以表示为

$$\beta(t) = \arctan\left(\frac{V_0 \sin\beta_0}{V_0 \cos\beta_0 - a_T t}\right) \tag{7-4}$$

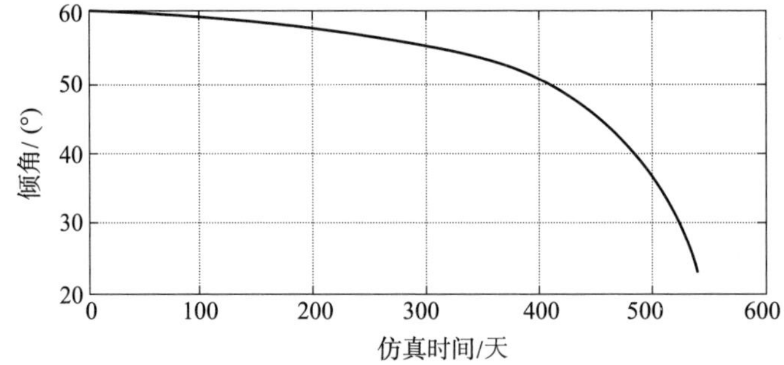

(a) 转移过程中轨道倾角变化

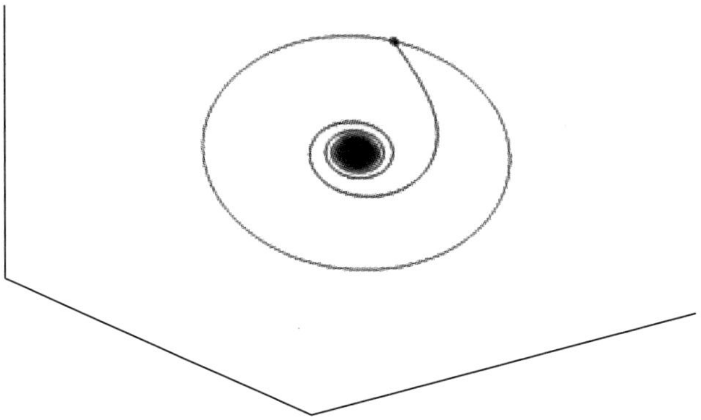

(b) 转移轨道轨迹

图 7-2 月球探测纳星轨道转移仿真示意图

$$V(t)=\sqrt{V_0^2-2V_0\cos\beta_0 a_T t+a_T^2 t^2} \tag{7-5}$$

$$\Delta i(t)=\frac{2}{\pi}\left[\arctan\left(\frac{V_0\cos\beta_0-a_T t}{V_0\sin\beta_0}\right)+\frac{\pi}{2}-\beta_0\right] \tag{7-6}$$

此低推力稳定转移是可行的。进一步地，Edelbaum 理论可以拓展到考虑阴影和摄动影响[199]，由于采用低推力连续转移，所需要的 ΔV 基本是一致的。此外，地月转移可以按限制性三体问题来优化，以提高优化结果精度，但需要考虑从 LEO 到月球的螺旋式转移过程。

7.2.2　分系统模型

7.2.2.1　有效载荷

不妨利用 CCD 相机对月面进行成像。设月球半径为 R_L，月心为 O_L，纳星 S 在环月轨道上距地面高度为 h，对应星下点记为 S'，如图 7－3 所示。需要满足全月面重覆盖约束要求，即

$$\sigma_w = \frac{S_w - \Delta\lambda}{S_w} \geqslant \sigma_{w0} \tag{7-7}$$

其中，σ_w 为垂直轨道面方向覆盖带重叠率；S_w 为相机覆盖带宽度，同式（6－5）。$\Delta\lambda$ 为 S' 轨迹的升交点每圈经度西移量，若覆盖周期为月球自转周期，则 $\Delta\lambda = \Delta\lambda_w = \omega_L T_p$，这里 ω_L 为月球自转角速度，T_p 为轨道周期。

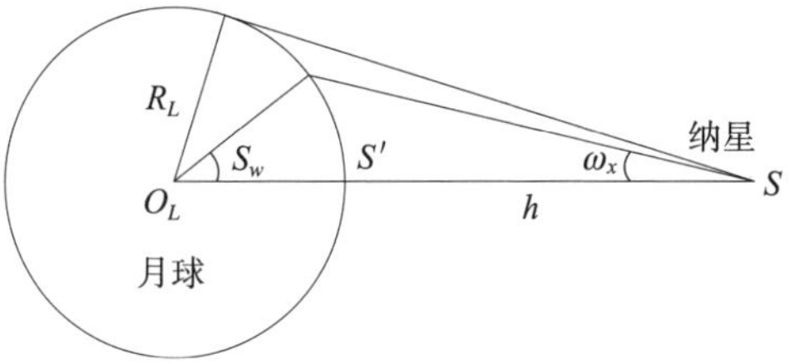

图 7－3　月球探测纳星对月面的覆盖示意图

这里定义月球探测卫星信息总量 I_D 为环月寿命周期内卫星所获取的载荷信息总量[200]，表示如下

$$I_D = D_R T_w \frac{365 L_{Tw}}{M} \tag{7-8}$$

其中，$L_{Tw} = L_T - L_{Tt}$ 为环月寿命周期，与轨道转移时间组成整个任务周期 L_T；D_R 为载荷总数据率；T_w 为每覆盖周期内 CCD 相机平均工作时间；M 为覆盖周期。

环月探测时采用从 $N_c \times N_p$ 个像元的 CCD 面阵对月面进行推扫，则 CCD 相机产生的数据率为

$$D_R = 2\omega V_N \frac{h \cdot s \cdot b_{it}}{{d_s}^2 q} \tag{7-9}$$

其中，$V_N = 2\pi R_L / T_p$ 为卫星在月面的轨迹速率；月面分辨率 d_s 的表达式同

式（6-5）；$2\omega=2\arctan\left(\mu_0\sqrt{N_c^2+N_p^2}/2f_c\right)$ 为遥感器像幅对角线的扫描角宽度，即全视场角；N_p、N_c 分别为飞行方向与垂直轨道面方向的像元数；s 为像元的样本数，b_{it} 为每个样本的比特数；q 为帧效率。

这里有效载荷质量 M_{pl} 和功率 P_{pl} 同样按 6.2.2 节的比例缩放法进行近似估计。

7.2.2.2 推进分系统

推进分系统的设计决定了航天器变轨增量 ΔV 与任务的持久性。月球探测需要大的速度增量 ΔV 以实现地月轨道转移。相比化学推进，太阳能电推进（SEP）方式能更好地满足较高 ΔV 的长期空间任务要求。由于具有缩比能力和较高的推进剂效率，微型 SEP 系统非常适合在微纳卫星上使用，如离子推进器[201,202]，它们可以提供 2 000～3 500 s 的比冲 I_{sp}。则相应推力计算如下

$$T=\frac{2\eta_t P_t}{I_{sp}g} \tag{7-10}$$

其中，η_t 是推进器能量效率，g 相对于地球的重力加速度，P_t 是推进器的输入功率。由此可得，推进剂质量流量为

$$\dot{M}_{fuel}=\frac{T}{I_{sp}g} \tag{7-11}$$

其中，M_{fuel} 为推进剂质量，则

$$t_{burn}=M_{fuel}/\dot{M}_{fuel} \tag{7-12}$$

$$\Delta V=I_{sp}g\ln\left(\frac{M_{dry}+M_{fuel}}{M_{dry}}\right) \tag{7-13}$$

$$M_{fuel}=M_{dry}\left(e^{\Delta V/I_{sp}g}-1\right) \tag{7-14}$$

其中，t_{burn} 为推进剂最长作用时间，M_{dry} 为考虑了设计余量的纳星干重。根据式（7-14），可以求得所需的推进剂质量，一般还需要考虑 10%～20%的余量。

推进分系统的质量与功率还需要考虑所用的推进器，目前推力在 0.5～15 mN 的微型离子推进器[203]见表 7-1。通过对比表中几种离子推进器，选用微型氙离子推进器（MiXI），其质量最轻，直径为 cm 量级，功率在 100 W 以下且能提供较好的推力与效率。另一种思路是在总体设计中分别考虑若干种推进器，然后对比优化设计结果。

表 7-1　0.5～15 mN 微型离子推进器

名称	最大推力/mN	推进器质量/kg	比冲/s	最大功率/W	效率(%)
CIT 3 cm	0.5	0.28	3 300	24	37.7
NRIT-2.5	0.6	0.21	2 861	34	25.5
MiXI	1.5	0.2	2 850	50	40
RUS 5 cm	1.6	0.35	2 900	72	31.6
KRC	6	0.7	3 250	162	66
RIT-10	15	1	3 058	459	36

7.2.2.3　通信分系统

这里主要核算 TTC 中通信设备的质量和功率。因为月球探测卫星的测控任务对通信功率影响较大，并且月球与地球之间的长距离通信（～384 000 km）给重量/尺寸/功耗受限的纳星带来了困难，所以数传通信需要重点考虑。

通信通道计算的链路方程[200]为

$$f_b = \frac{P_t L_l G_t L_s L_a G_r}{k T_s (E_b / N_0)} \tag{7-15}$$

若考虑一个通信余量 f_{cr}，式（7-15）以分贝（dB）形式表示如下

$$\begin{aligned}10\lg P_t = &10\lg(E_b/N_0) + 10\lg k + 10\lg f_b + 10\lg f_{ar} - \\ &10\lg G_t - 10\lg L_l - 10\lg L_s - 10\lg L_a - 10\lg(G_r/T_s)\end{aligned} \tag{7-16}$$

其中，P_t 是数传功率；E_b/N_0 是标准化的信噪比（SNR）；k 是玻尔兹曼常数；f_b 为码速率，取载荷总数据率 D_R 作为下行码速率；G_t 为发射天线增益；G_r 为接收天线增益；L_l 为发射线路损耗；L_a 是传输路径损耗和极化损耗；T_s 为接收系统噪声温度。自由空间损耗 L_s 的表达式为

$$L_s = \left(\frac{c}{4\pi R_\varepsilon f_s}\right)^2 \tag{7-17}$$

其中，f_s 为频率；c 为光速；R_ε 为探月纳星到地面接收站的最大斜距，与环月轨道高度及地月距离有关。

从上述表达式可以看出，通信功率与通信波段频率、环月轨道高度及载荷数据率有关，且通信实际功率应按经验公式 $P_{tr} = 2P_t$ 计算，进而可以选取相应 TTC 微型收发机与天线的型号。

7.2.3 成本模型

通常卫星成本模型有三种建模方法：自下而上详细估算法、类比估算法和成本参数估算法[183]。月球探测纳星总体设计属卫星概念设计阶段，成本参数估算法较为合适，它把成本表示为设计参数的函数，通过这些函数建立卫星成本的估算关系式，在保证成本模型建模精度的同时，降低了计算复杂度，还有利于分析设计参数与卫星成本的关系。

利用成本参数估算法中适合微纳卫星的验证卫星成本模型（DSCM）[204]构建月球探测纳星的成本模型。DSCM 是由美国国家侦查办公室（NRO）在小卫星成本模型（SSCM）[205]基础上建立的，集成了 SSCM 的估算数据，还加入了新的卫星数据，因而 DSCM 应用的范围比 SSCM 广，更能真实地反映卫星设计参数和经济成本的关系。由 SSCM 估计的纳星成本估算式为

$$C_{sat} = \phi_{FY}(C_{ssc} + C_{slc} + C_{sgc} + C_{soc}) \tag{7-18}$$

其中，卫星总成本 C_{sat} 包括研制成本 C_{ssc} 、发射成本 C_{slc} 、地面系统成本 C_{sgc} 和运营成本 C_{soc} ；ϕ_{FY} 为通货膨胀因子。对于月球探测纳星，研制成本还需包括研究、开放、试验和评价（RDT&E）与集成、安装和测试（IA&T）等的杂项成本 C_{others} 。

根据 SSCM 中分系统成本的估算关系式，卫星研制成本为

$$C_{ssc} = \sum_i C_i + C_{others} \tag{7-19}$$

其中，i 表示卫星的有效载荷或某分系统，C_{others} 表示集成、安装和测试等的杂项成本，C_i 表示相应分系统的成本估算关系式。DSCM 不区分经常性成本和非经常性成本，而是将其融入卫星各个分系统的成本计算中。计算公式如下

$$C_{pl} = 760(M_{pl})^{0.69}(\log^{\lambda})^{0.37}0.28^{Cryo} \tag{7-20}$$

其中，M_{pl} 是有效载荷的质量，λ 是光学有效载荷的光谱范围，$Cryo$ 表示是否采用低温恒温器，取值为 0 和 1。其他分系统成本估算为

$$C_{str} = 45.1 \cdot M_{str}^{0.77} \cdot 1.34 \tag{7-21}$$

$$C_{th} = 144 + 62.7 \cdot M_{th}^{0.70} \cdot 1.63 \tag{7-22}$$

$$C_{eps} = 37.1 \cdot M_{eps}^{0.89} \cdot 1.44 \tag{7-23}$$

$$C_{adc} = 288 \cdot M_{adc}^{0.59} \cdot N_{as}^{0.23} \tag{7-24}$$

$$C_{pro} = 398 \cdot M_{adc}^{0.22} \cdot N_{pro}^{0.37} \tag{7-25}$$

其中，C_{str}、C_{th}、C_{eps}、C_{adc} 和 C_{pro} 分别是结构、热控、电源、ADCS、推进分系统的成本；N_{as} 和 N_{pro} 分别表示姿态敏感器和推进器的数量。

$$C_{ttcdh}=15.5\cdot(M_{ttc}+M_{cdh})^{0.86}\cdot P_{EOL}^{0.41} \tag{7-26}$$

其中，C_{ttcdh} 表示遥测和数管分系统的成本和，二者在一起考虑。P_{EOL} 表示卫星寿命末期的功率，可按式（6－10）和式（6－11）计算。

杂项成本为

$$C_{others}=C_{PM}+C_{SE}+C_{IA\&T} \tag{7-27}$$

$$C_{PM}+C_{SE}=0.26(C_{base})^{1.03} \tag{7-28}$$

$$C_{IA\&T}=33(M_{dry})^{0.66}\cdot 1.32^{N_{contract}}\cdot 1.63^{N_{op}}\cdot 1.70^{N_{pro}} \tag{7-29}$$

其中，C_{base} 表示以 2006 年的美元通胀率为基准得到的基础成本；$N_{contract}$ 表示包含有效载荷集成的合同数量；N_{op} 表示光学载荷的数量。

假设采用一箭多星发射，发射成本这里暂不考虑，卫星运营成本由下式得到

$$C_{soc}=82.3(C_{oper})^{0.22}(N_{pl})^{0.51} \tag{7-30}$$

其中，C_{oper} 表示以 2006 年的美元通胀率为基准的运营成本，N_{pl} 表示有效载荷的数量。

地面系统成本 C_{sgc} 可表示为

$$C_{sgc}=\frac{1}{\rho_{st}}16.8(M_{ttc})^{1.18} \tag{7-31}$$

其中，ρ_{st} 表示软件成本占地面系统成本的比例。

综上估算公式，可以得到 DSCM 估算的月球探测纳星的成本。

7.2.4　学科关系

根据建立的总体设计学科模型，对学科关系进行整理，月球探测纳星的设计结构矩阵如图 7－4 所示，它清晰描述了该纳星总体设计的学科组成及其耦合关系。图中带有下划虚线的符号表示设计变量，这里主要包括 4 个设计变量，分别是环月轨道高度 h、倾角 i、相机焦距 f_c 和任务周期 L_T。总体设计约束条件 g_1、g_2、g_3、g_4 和 g_5 分别为：月面分辨率 $d_s\leqslant 30$ m；重覆盖约束 $\sigma_w\geqslant\sigma_{w0}$；电池循环次数 $N_{ba}\leqslant 10\ 000$；卫星容积 $V_{sat}\leqslant 3U$；结构可靠性因子 $F_{str}\geqslant 1$，其中 $N_{ba}=L_T\cdot 365\cdot 864\ 00/T_p$。

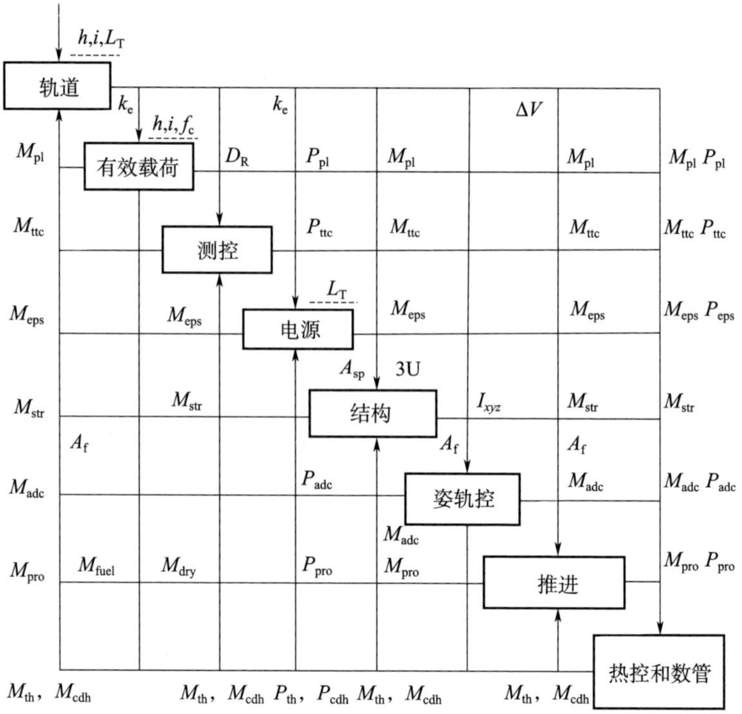

图 7-4　月球探测纳星总体设计结构矩阵

7.3　月球探测纳星总体不确定性传播分析

7.3.1　不确定性因素描述

7.3.1.1　设计变量不确定性

纳星在地月转移过程中受到空间环境、摄动力、太阳光压等诸多因素的影响，环月轨道高度会存在不确定性的偏差，假设其服从截尾正态分布。此外，环月轨道倾角会影响相机成像的覆盖带宽，CCD 相机焦距也存在微小的正态随机偏差，所以在进行优化设计时需要将它们的不确定性因素加以考虑。

这里任务周期变量包含环月寿命周期与轨道转移周期，实际过程中比较容易出现偏差，影响着卫星工作寿命与星上关键器件的选取。由于任务周期的影响因素多，无法确定其分布特性，因此将其作为认知不确定性变量进行处理，用区间分析表征，从而提高不确定性分析和优化结果的准确性和可信度。该纳星系统其他设计变量不确定性已在继承的立方星平台中考虑。

7.3.1.2 系统参数不确定性

该纳星系统参数不确定性有很多，结合深空探测纳星技术的实际情况，这里重点考虑以下三个方面：

（1）推进分系统参数的不确定性

推进分系统是月球探测纳星的关键分系统，其推进剂比冲 I_{sp} 、推进器效率 η_t 与输入功率 P_t 都存在不确定性偏差，对整个纳星任务存在较大影响，在实际处理中用正态分布表征。

（2）电源分系统参数的不确定性

太阳能电池阵在工作过程中电池转换效率 η_{sp} 会发生变化，一般服从正态分布。平均放电深度 $DOD\%$ 随着电池充放电次数的增加也会变化。对于太阳能电池阵质量计算，比能量质量密度 ρ_{sp} 也受材料品质、加工差异与工作时间的影响，大致服从正态分布。

（3）经验估算参数的不确定性

如果总体设计学科模型中存在系统质量与功率的经验估算，应该对其进行不确定性量化。在实际模型中这些基于估算参数的经验关系式可能并不准确，导致上述模型本身也存在不确定性。由于对各方面的信息了解不足，无法确定估算参数的分布特性，因此将其作为认知不确定性变量进行处理，用区间分析表征，从而提高不确定性分析和优化结果的准确性和可信度。

上述设计变量与系统参数不确定性的分布见表 7－2。

表 7－2 纳星设计变量与系统参数不确定性

学科	变量说明	符号	分布类型	标准差/偏差	编号
轨道	轨道高度/km	h	截尾正态	0.5	d_1
	轨道倾角/(°)	i	正态	0.5	d_2
有效载荷	相机焦距/mm	f_c	正态	0.1	d_3
总体	任务周期/年	L_T	区间	$\Delta_{LT}=0.05$	d_4
推进	推进器效率	η_t	正态	0.01	p_1
	输入功率/W	P_t	正态	0.5	p_2
	比冲/s	I_{sp}	正态	10.0	p_3

续表

学科	变量说明	符号	分布类型	标准差/偏差	编号
电源	太阳能转换效率	η_{sp}	正态	0.002	P_4
	比能量密度/(W·h/kg)	ρ_{sp}	正态	2.0	p_5
	平均放电深度	DOD	正态	0.01	p_6
—	系统质量余量系数	c_{sys_m}	区间	$\Delta_{csys\_m}=0.02$	p_7
	系统功率余量系数	c_{sys_p}	区间	$\Delta_{csys\_p}=0.02$	p_8

7.3.2 不确定性降维量化

本节对该12维不确定性传播问题进行降维量化。以单位信息量成本为量化目标，在其设计空间随机取100组设计点，对每组设计点都可以进行活跃子空间降维与近似模型构建。基于有限差分方法对特征值与特征向量进行估计，这100组设计条件下 $\boldsymbol{C}$ 的前3个最大的特征值如图7-5所示。相比第6章对地观测卫星，特征值分布的扰动影响更大，但对每一组设计点仍然存在较为显著的活跃子空间，λ_1 相比较最大且存在较大的间隔，因此可以用一维活跃子空间降维传播，具体量化误差下节进行分析。

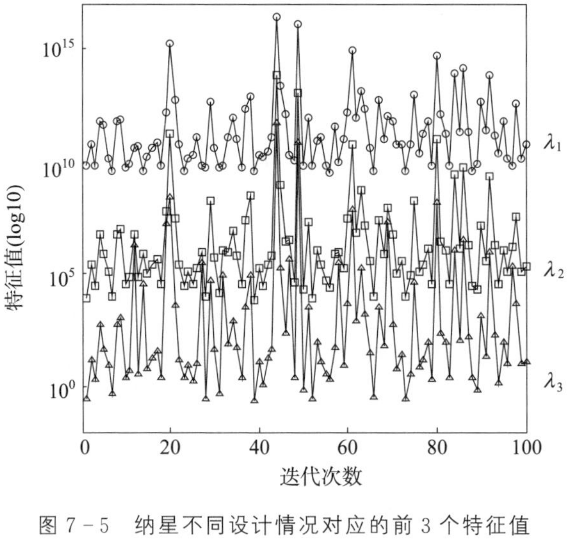

图7-5　纳星不同设计情况对应的前3个特征值

活跃子空间构造系数见表7-3，分别表示设计变量不确定性与系统参数不确定性混合影响情况，也体现了它们的灵敏度信息，为合理的参数选择与控制提供了参考。可以发现，设计变量不确定性中影响较大的因素为任务周期；系统参数不确定性中影响较大的因素主要来自推进分系统，这可能是由于长距离轨道转移带来的，其中推进器效率带来的负影响最大，所以需要选用性能参数足够稳定的电推进器以减少其带来的不确定性扰动影响。还有电源分系统的 *DOD* 和系统质量余量系数的影响也较大，因此在月球探测纳星设计时，需要更多的经验知识和仿真分析对关键不确定性因素进行合理定义，以获得可靠的预期设计性能。

表 7－3　纳星主要不确定性设计变量与系统参数的灵敏度情况

h	i	f_c	L_T	p_1	p_2	p_3	p_4	p_5	p_6	p_7	p_8
0.047	−0.046	−0.003	−0.245	−0.826	−0.299	0.171	0.016	−0.005	−0.307	0.195	−0.040

7.3.3　不确定性传播分析

基于识别的一维活跃子空间进行传播模型构建与分析。降维空间中 20 个训练样本及拟合情况见图 7－6（a），近似呈线性关系，可以获得一维线性 ARSM，且全维 MCS 获得的 100 个测试样本基本位于该 ARSM 模型上，表明此近似传播模型具有较好的精度。进一步地，基于降维 ARSM 和全维 MCS 分别传播分析 2 000 次，单位信息量成本的期望值见图 7－6（b），体现出本书提出的方法在大幅度降低计算量的同时，保持了较高的分析精度，偏差仅为 1.6％左右。此外，这种自适应响应面可以根据优化过程中设计变量的改变进行参数更新，保证不确定性分析精度。

显著性校验与交叉验证结果见表 7－4，相关定量误差指标都较小，其中单位信息量成本的 *MAE* 误差大小与 ARSM 传播分析的期望值偏差是基本一致的，还可以进一步对混合不确定性传播结果进行验证，因此得出该问题具有显著意义的一维 ARSM 传播模型。

表 7－4　传播模型显著性校验与交叉验证结果

目标函数	R^2_{adj}	*MAE*	*SDE*	LOOCV 的 *MAE*	LOOCV 的 *SDE*
f_{C-I}	0.98	0.133	0.118	0.147	0.129
M_{sat}	0.97	0.154	0.111	0.172	0.130
d_s	1	0.075	0.058	0.085	0.074

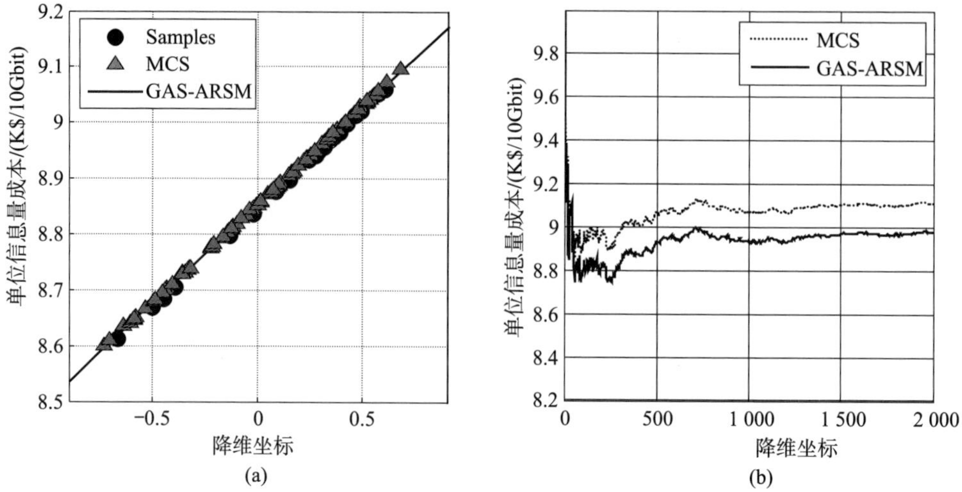

图 7-6　单位信息量成本的子空间传播模型及 MCS 验证

7.4　月球探测纳星总体不确定性优化设计

7.4.1　随机不确定性多目标优化

7.4.1.1　数学表述

月球探测纳星总体设计是一个包含单位信息量成本（费效比）、卫星质量、系统可靠性、载荷精度等的复杂不确定性多目标优化问题。这里主要考虑费效比和卫星质量为优化目标，将系统可靠性与载荷精度等作为约束条件，通过本书 GAS-ARSM 分析，获得它们尽可能准确的均值与方差，进而实现多目标优化求解。考虑单独随机不确定性时，该 UMOOP 表述如下

$$
\begin{cases}
\text{find} & \mu_{\boldsymbol{d}} = [\mu_h \mu_i \mu_{f_c} \mu_{L_T}] \\
\min & L(\mu_{t_f}, \mu_{f_{C-I}}), L(\mu_{t_M}, \mu_{M_{sat}}), L(\sigma_{t_f}, \sigma_{f_{C-I}}) \\
 & \mu_{f_{C-I}} = \int f_{C-I} s_d(f_{C-I}) \mathrm{d} f_{C-I}, \mu_{M_{sat}} = \int M_{sat} s_d(M_{sat}) \mathrm{d} M_{sat} \\
 & \sigma_{f_{C-I}} = \sqrt{\int f_{C-I}^2 s_d(f_{C-I}) \mathrm{d} f_{C-I} - \mu_{f_{C-I}}^2} \\
\text{s.t.} & g_1: \Pr\{d_s \leqslant 30 \text{ m}\} \geqslant 0.99 \\
 & g_2: \Pr\{\sigma_w \geqslant 0.1\} \geqslant 0.99 \\
 & g_3: \Pr\{N_{Ba} \leqslant 10\,000\} \geqslant 0.99 \\
 & g_4: \Pr\{V_{sat} \leqslant 3U\} \geqslant 0.99 \\
 & g_5: \Pr\{F_{str} \geqslant 1\} \geqslant 0.99 \\
 & 200 \text{ km} \leqslant \mu_h \leqslant 600 \text{ km}, 80^\circ \leqslant \mu_i \leqslant 90^\circ \\
 & 20\text{mm} \leqslant \mu_{f_c} \leqslant 200 \text{ mm}, 2 \text{ 年} \leqslant \overline{L}_T \leqslant 6 \text{ 年} \\
\text{where} & \mu_{t_f} = \mu_{t_M} = \sigma_{t_f} = 0, \boldsymbol{x} = (\boldsymbol{d}, \boldsymbol{p})
\end{cases}
\tag{7-32}
$$

其中，$s_d(\cdot)$ 表示相应优化目标的密度函数，预期目标低阶矩信息不妨设为 0。费效比和卫星质量可由本书 ARSM 方法分析获得。所有约束要求满足的可靠度不小于 99%，以保证设计方案的可行性。

7.4.1.2　优化结果

在 iSIGHT 多学科环境中，利用 CAD/CAE 及自编程序集成接口，很好地集成了各学科分析模块、降维量化与传播分析程序、密度匹配设计与求解算法，可以实现航天飞行器总体不确定性优化设计，更好地解决复杂非线性、单目标/多目标的 UBDO 问题。

整个优化过程的迭代次数为 2 000，得到 1721 个可行的设计解如图 7－7（a）所示，横坐标与纵坐标分别表示费效比和卫星质量。进一步地，可以提取出均匀分布的 Pareto 最优解，如图 7－7（b），图中每一个设计点代表一组非劣解。可以明显看出三个优化目标间的权衡关系，卫星质量的均值与单位信息量成本的均值、标准差负相关，即降低单位信息量成本时，卫星质量会有所增加。

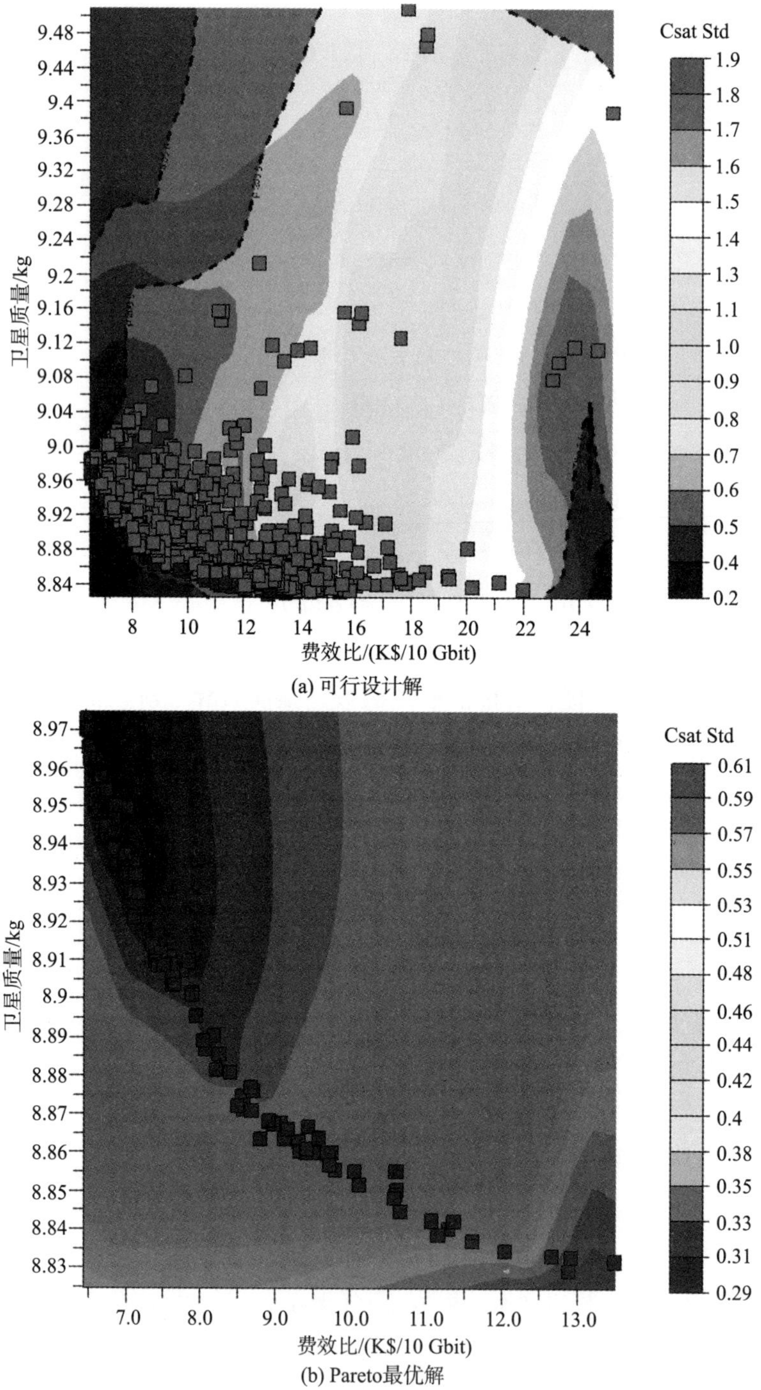

图 7-7 UBDO 方法应用于月球探测纳星总体设计（见彩插）

基于平行坐标将这些 PO 解集进一步可视化，如图 7－8 所示，3 个优化目标与对应的 4 个设计变量均用线条关联。可以看出最优设计的环月轨道高度集中在 200 km，任务周期在 2.4 年左右。根据实际设计需要，在满足系统可靠性约束条件下，可以很好地选择可行的最优设计方案。

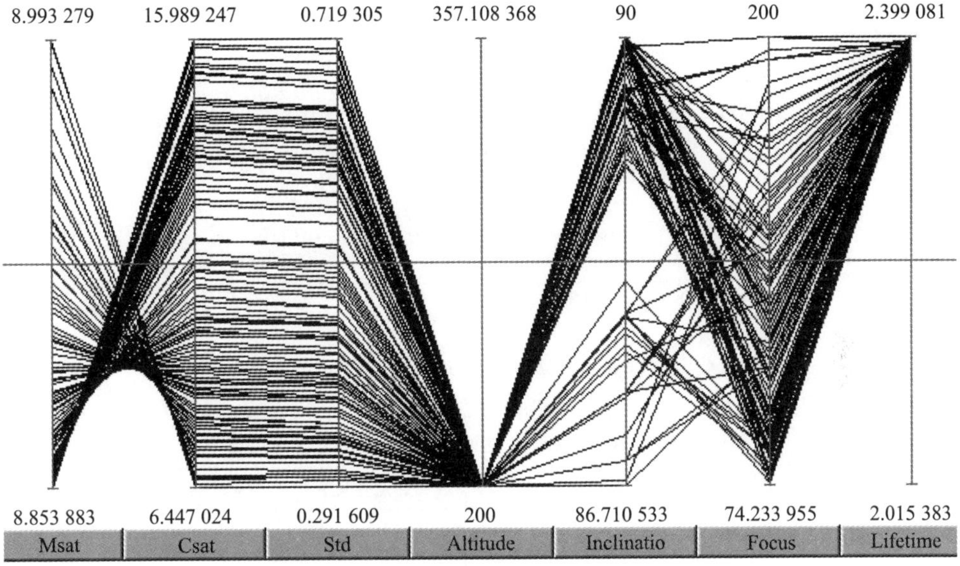

图 7－8　平行坐标表示的随机不确定性 Pareto 最优解

7.4.1.3　对比分析

这里将本书 UBDO 方法获得的 RBRDO 结果与确定性优化结果进行对比。

如图 7－9 所示，本书 UBDO 方法、确定性优化获得的近似 PF 分布与实际情况相符，然而由于缺乏不确定性影响的充分考虑，通常优化设计方法容易使得非劣设计处于阴影区域，导致系统不可靠、容易受扰动因素影响。比如卫星质量为 8.95 kg 左右时，UBDO 与确定性 MDO 的最优设计情况见表 7－5，它们的轨道高度是一致的，但其他三个设计变量有所不同，对于各可靠度约束，确定性优化的设计方案不能满足电池循环次数的要求。

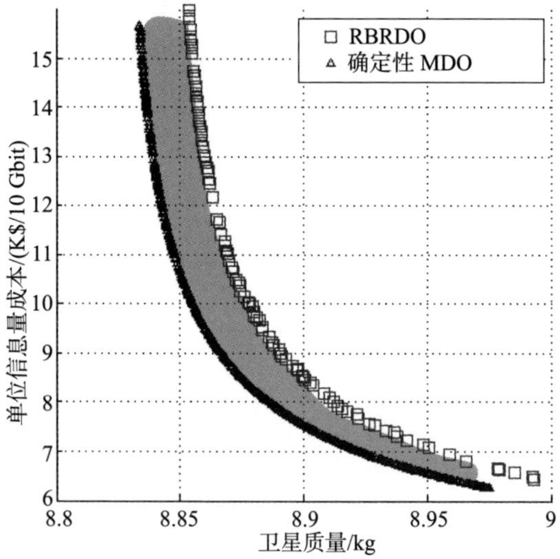

图 7-9 UBDO 与确定性优化的 Pareto 最优解对比

表 7-5 UBDO 与确定性设计优化的最优设计对比

类型	符号	确定性优化	UBDO
设计变量	h/km	200.0	200.0
	i/(°)	85.10	87.96
	f_c/mm	184.1	177.2
	T_{life}/年	2.43	2.39
紧约束	$\Pr\{d_s \leqslant 30\ \text{m}\}$	1	1
	$\Pr\{\sigma_w \geqslant 0.1\}$	1	1
	$\Pr\{N_{Ba} \leqslant 10\ 000\}$	0.487 0	1
目标函数	$\mu_{C_{sat}}$ /(K$/10 Gbit)	6.66	7.17
	$\sigma_{C_{sat}}$ /(K$/10 Gbit)	0.341	0.258
	$\mu_{M_{sat}}$ /kg	8.949	8.953

为了评估最优设计情况下优化目标的变化/分布范围，可以按 MLE 进行估计。如对于单位信息量成本，表 7-6 给出了按不同分布形式进行拟合的似然性大小与分布参数情况。可以发现，UBDO 与确定性 MDO 的最优解对应 Lognormal 分布似然性最大，即均服从对数正态分布，进而得到二者对应的单位信息量成本分布函数，如图 7-10 所示，可以看出 UBDO 的设计方案更为可靠，与实际情况一致。

表 7-6 按不同分布形式拟合的目标似然性与分布参数

f_{C-I}	Gamma	Lognormal	Gauss	Rayleigh
UBDO	似然性：-2.406 a= 836.5，b= 0.008	似然性：-2.134 Mu= 1.97，sigma= 0.035	似然性：-3.014 Mu= 7.17，sigma= 0.251	似然性：-227.9 B= 5.074
MDO	似然性：-30.066 a= 414.8，b= 0.016	似然性：-29.707 Mu=1.90，sigma= 0.049	似然性：-30.906 Mu= 6.66，sigma= 0.331	似然性：-220.6 B= 4.716

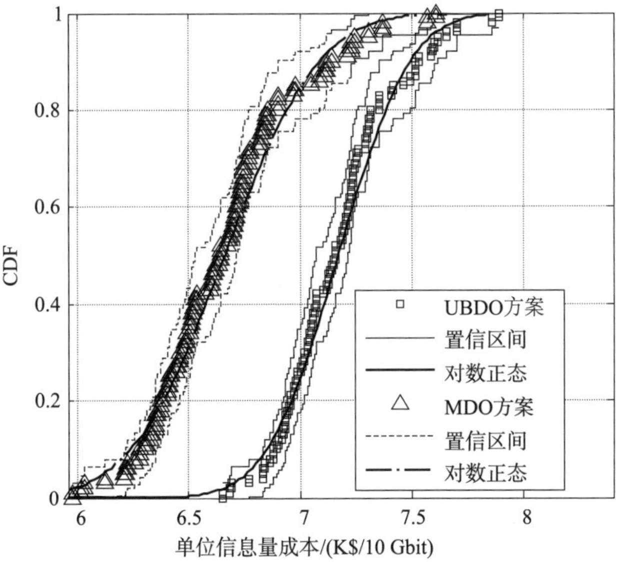

图 7-10 UBDO 与确定性优化的单位信息量成本 CDF 对比（见彩插）

7.4.2 混合不确定性多目标优化

7.4.2.1 数学表述

本节进一步考虑月球探测纳星总体设计学科模型中涉及的认知不确定性，即任务周期 $L_T \in [\bar{L}_T - 0.05, \bar{L}_T + 0.05]$，系统质量和功率余量系数 $c_{sys\_m} \in [0.18, 0.22]$、$c_{sys\_p} \in [0.18, 0.22]$。在混合不确定性条件下，这里主要以费效比和卫星质量的可信性分布为优化目标，将系统可靠性与载荷精度等作为约束条件，使得满足可信性要求的该纳星总体设计达到最优。

基于各目标低阶矩信息的多目标密度匹配设计问题描述如下

$$
\begin{cases}
\text{find} \quad \mu_{\boldsymbol{d}} = [\mu_h \quad \mu_i \quad \mu_{f_c} \overline{L}_T] \\
\min \quad L(\mu_{t_f}, \tilde{\mu}_{f_{C-I}}), L(\mu_{t_M}, \tilde{\mu}_{M_{sat}}), L(\sigma_{t_f}, \tilde{\sigma}_{f_{C-I}}) \\
\qquad \tilde{\mu}_{f_{C-I}} = \int f_{C-I} \tilde{s}_d(f_{C-I}) \mathrm{d} f_{C-I}, \tilde{\mu}_{M_{sat}} = \int M_{sat} \tilde{s}_d(M_{sat}) \mathrm{d} M_{sat} \\
\qquad \tilde{\sigma}_{f_{C-I}} = \sqrt{\int f_{C-I}^2 \tilde{s}_d(f_{C-I}) \mathrm{d} f_{C-I} - \tilde{\mu}_{f_{C-I}}^2} \\
\text{s. t.} \quad g_1: \mathrm{Bel}\{d_s \leqslant 30 \text{ m}\} \geqslant 0.99 \\
\qquad g_2: \mathrm{Bel}\{\sigma_w \geqslant 0.1\} \geqslant 0.99 \\
\qquad g_3: \mathrm{Bel}\{N_{Ba} \leqslant 10\ 000\} \geqslant 0.99 \\
\qquad g_4: \mathrm{Bel}\{V_{sat} \leqslant 3U\} \geqslant 0.99 \\
\qquad g_5: \mathrm{Bel}\{F_{str} \geqslant 1\} \geqslant 0.99 \\
\qquad 200 \text{ km} \leqslant \mu_h \leqslant 600 \text{ km}, 80^\circ \leqslant \mu_i \leqslant 90^\circ \\
\qquad 20\text{mm} \leqslant \mu_{f_c} \leqslant 200 \text{ mm}, 2\text{ 年} \leqslant \overline{L}_T \leqslant 6\text{ 年} \\
\text{where} \quad \mu_{t_f} = \mu_{t_M} = \sigma_{t_f} = 0, \boldsymbol{x} = (\boldsymbol{d}, \boldsymbol{p})
\end{cases}
\tag{7-33}
$$

其中，目标低阶矩信息 $\tilde{\mu}_{f_{C-I}}$ 、$\tilde{\mu}_{M_{sat}}$ 和 $\tilde{\sigma}_{f_{C-I}}$ 按目标的可信性分布函数进行计算，预期目标低阶矩信息不妨设为 0。可信性费效比和卫星质量可由本书 AIRSM 分析获得。所有约束可信性分布的可靠度不小于 99%。

7.4.2.2 优化结果

应用建立的不确定性优化设计平台，UMOAA 的迭代次数为 2 000，得到了该优化问题的 100 个可行的 Pareto 最优解。基于平行坐标将这些 PO 解集进一步可视化，如图 7-11 所示，3 个优化目标与对应的 4 个设计变量均用线条关联，依次为卫星质量均值、单位信息成本均值与偏差、环月轨道高度、环月轨道倾角、相机焦距和任务周期。可以看出最优设计的环月轨道高度集中在 200 km，这与随机不确定性多目标优化结果一致，而任务周期在 2.37 年左右，比图 7-9 所示的优化结果略小，这可能是由于引入认知不确定性带来的。根据实际任务设计需要，在满足系统可信性约束条件下，可以很好地权衡、选择可行的最优设计方案。

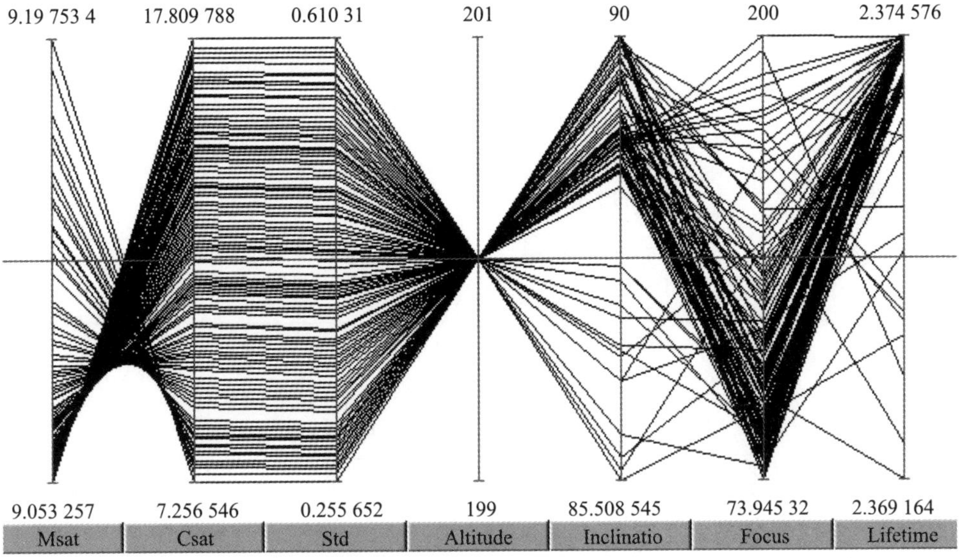

图 7 - 11　平行坐标表示的混合不确定性 Pareto 最优解

7.4.2.3　对比分析

这里将混合不确定性与随机不确定性多目标优化结果进行对比分析，如图 7 - 12 所示，二者获得的近似 PF 分布与实际情况相符。可以看出，由于缺乏考虑认知不确定性的影响，单独随机不确定性优化结果容易使得非劣设计处于阴影区域，导致系统不可靠，容易受到扰动因素影响。混合不确定性影响下该问题优化设计的目标值均偏大，但更好地满足了可信性约束要求。可信性目标质量为 9.1 kg 时，混合不确定性与随机不确定性最优设计结果比较见表 7 - 7，它们的轨道高度是一致的，但其他三个设计变量有所不同。对于各可信性约束，只有混合不确定性优化的最优解很好地满足了电池循环次数的可信性要求。

表 7 - 7　月球探测纳星总体 UBDO 结果比较

类型	符号	随机不确定性	混合不确定性
设计变量	h /km	200.0	200.0
	i /(°)	87.96	89.02
	f_c/mm	177.2	145.6
	T_{life}/年	2.39	2.37

续表

类型	符号	随机不确定性	混合不确定性
紧约束	$\mathrm{Bel}\{d_s \leqslant 30\ \mathrm{m}\}$	1	1
	$\mathrm{Bel}\{\sigma_w \geqslant 0.1\}$	1	1
	$\mathrm{Bel}\{N_{Ba} \leqslant 10\ 000\}$	0.5217	1
目标函数	$\mu_{C_{sat}}$ (K\$/10 Gbit)	7.17	9.37
	$\sigma_{C_{sat}}$ (K\$/10 Gbit)	0.258	0.322
	$\mu_{M_{sat}}$/kg	8.953	9.104

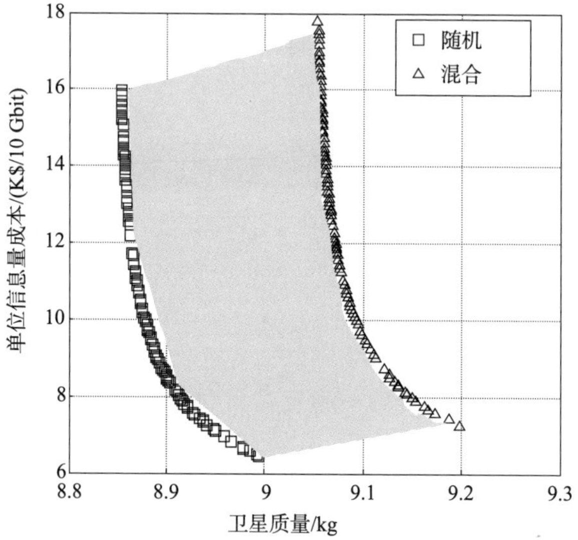

图 7-12　混合不确定性与随机确定性 UMOAA 的 PO 解比较

由此得出，认知不确定性影响下，月球探测纳星总体设计要考虑更多的余量，优化目标值偏大，这与实际飞行器可靠性设计优化情况是一致的，体现出该 UBDO 方法解决飞行器总体 RBRDO 问题的优势。

第 8 章　总结与展望

航天技术的快速发展和应用规模的日益扩大，对研发周期短、费用低、可靠性和稳健性高的先进飞行器设计理论与方法提出了迫切需求。面向复杂飞行器不确定性优化设计问题，其设计原则也由单一追求性能转向性能、效益、可靠性和稳健性等方面的综合平衡，不确定性设计优化（UBDO）方法面临前所未有的发展机遇，对于提高飞行器设计水平、降低故障风险和研制成本有着重大意义。本书针对眼下 UBDO 发展存在的技术挑战和困难，系统研究了不确定性降维、不确定性传播分析、不确定性优化等关键科学问题，在此基础上形成了一套较为系统、普适的 UBDO 方法，并以星箭分离机构设计、对地观测卫星总体设计、月球探测纳星总体设计为研究对象，从部件级和总体级两个层次对 UBDO 的应用展开研究。本书取得的研究成果具有较好的理论价值和前瞻性意义，提出的基于“降维量化、传播分析、匹配优化”的 UBDO 方法框架，较好地克服了现有 UBDO 计算成本高昂、分析精度受限、工程实现困难等瓶颈问题，也为今后进一步完善 UBDO 理论与应用研究提供了参考与借鉴。

本书的创新之处主要体现在：

1）提出了基于广义活跃子空间的混合不确定性降维方法。针对现有降维方法的局限性，提出了面向混合不确定性的广义活跃子空间（GAS）概念及相应降维方法，解决了区间表示的认知不确定性降维难题，对线性和非线性问题均具有广泛的适用性，并基于区间分析推导了 GAS 的基本形式。考虑到 GAS 数学上难以精确求解，提出了区间特征值分析、经验分布函数与泰勒展开三种近似实现方法，分别给出了它们的 GAS 估计推导与表述。

2）提出了一种基于降维空间自适应响应面的不确定性分析方法。基于降维空间给出了仅依靠单个或少数活跃变量的传播分析方法，可以提高混合不确定性统一分析的精度和效率。提出了一种基于活跃变量的区间响应面模型及其构造方法，避免了区间扩张问题、提高了边界拟合精度，并定义扩展的区间动态关联分析准则，实现了对区间模型拟合精度的评价。

3）提出了基于降维贝叶斯推理的极限情况分析方法。针对航空航天领域亟待解决的多维极限情况分析“逆问题”，给出了改进的降维贝叶斯推理，通过活跃子空间降维量化，只需在先验的活跃子空间进行传递，相比以往基于后验分布的降维方法，该方法具有更大的效率优势，可以有效用于飞行器极限状态性能及相应输入参数的分析求解。

4）提出了基于目标分布信息的密度匹配设计优化方法。与传统不确定性优化方法不同，密度匹配设计采用系统响应的全阶矩信息来提高优化效果，本书推导了基于目标低阶矩信息、累积分布函数的两种密度匹配优化表达式，对于混合不确定性情况、离散型与连续型目标情况均可适用。给出了基于GAS降维求解的一般框架，可以保证高积分点数与高 KDE 样本数要求，同时探讨了基于约束强度的动态罚函数及多目标优化算法来获得可靠的最优解，具有较好的计算效率。

5）以星箭分离机构设计、对地观测卫星总体设计与月球探测纳星总体设计为例，从部件级和总体级两个层次验证了本书 UBDO 方法的可行性和有效性，为进一步拓展飞行器 UBDO 应用研究提供了有益的思路。a）探讨了星箭分离过程主要结构与力学不确定性因素的影响与传播规律，形成了可应用于飞行器关键部组件性能预测、可靠性稳健设计的 UBDO 方法，在天拓卫星星箭分离机构上取得了较好的应用效果；b）通过探讨对地观测卫星与月球探测纳星总体设计，发现了微小卫星总体概念设计存在的一维活跃子空间，并形成了一套有效的总体 UBDO 方法，可以实现基于密度匹配优化的设计潜力挖掘、基于不确定性多目标优化的 Pareto 最优设计。上述应用案例也进一步验证了 UBDO 方法的优越性。

今后的研究工作可以从以下几个方面开展：

1）不确定性降维方法的研究。虽然本书提出了基于广义活跃子空间的混合不确定性降维方法，相比现有降维方法具有一定优势，降维效果好，然而其中还有一些问题值得深入探讨以进一步拓展应用范围，需要考虑更多非概率方法描述的认知不确定性来测试该方法的效能。此外，对于工程上更多复杂高维非线性问题是否仍然存在较为显著的活跃子空间值得继续探讨。

2）不确定性分析方法的研究。本书方法在分析效率和精度方面具有一定优势，然而其中还有一些问题值得深入探讨。自适应响应面模型应用较广，但对某些高度非线性复杂问题精度有限，需要进一步探讨其他高精度近似模型；同时对于混合不确定性情况下，给出的区间动态关联分析准则仅能实现拟合精度的定性评价，进一步定量评价的方法亟待研究。

3）极限情况分析的深化研究。虽然本书提出了一套基于降维贝叶斯推理的极限情况分析方法，理论上具有较好的效能，将结合具体应用算例验证其有效性，并作进一步改进。结合航空航天领域故障预测与健康管理[206]的迫切需求，需要发展高效极限情况分析方法，以实现对飞行器系统或部件早期故障征兆的提取、退化状态的识别以及故障发生情况的估计。

4）不确定性优化方法的研究。虽然本书提出了基于目标分布信息的密度匹配设计优化方法，可以很好地挖掘设计潜力，按设计者预期目标进行有效寻优，但基于梯度的寻优算法有一定的局限性，进一步研究相适应的全局寻优算法具有重要意义。此外，本书研究发现，表征密度匹配距离的 L_2 范数精度有限，下一步拟研究适用性更广的 Hellinger 距离度量，以获得更好的优化效果。

5）飞行器 UBDO 的应用研究。本书从部件级和总体级依次对 UBDO 的应用展开研究，取得了较好的应用效果。但在上述应用中，学科模型进行了简化处理，且考虑的不确定性因素有限，与实际应用相比还有一定的差距。因此，还需进一步结合工程实际，对应用对象的学科模型进行完善，提高模型精度；并以工程数据为支持，建立更符合实际的不确定性描述，以深化 UBDO 方法的应用研究。

参考文献

[1] 陈小前，姚雯，欧阳琦．飞行器不确定性多学科设计优化理论与应用［M］．北京：科学出版社，2013.

[2] Harland D M, Lorenz R. Space Systems Failures: Disasters and Rescues of Satellites, Rocket and Space Probes [M]. Berlin: Springer Science & Business Media, 2007.

[3] Zang T A, Hemsch M J, Hilburger M W, et al. Needs and Opportunities for Uncertainty - Based Multidisciplinary Design Methods for Aerospace Vehicles [M]. Washington D C: NASA, Langley Research Center, 2002.

[4] Yao W, Chen X Q, Luo W C, et al. Review of uncertainty - based multidisciplinary design optimization methods for aerospace vehicles [J]. Progress in Aerospace Sciences, 2011, 47 (6): 450 - 479.

[5] Birge J R, Louveaux F. Introduction to Stochastic Programming [M]. Berlin: Springer Science & Business Media, 2011.

[6] Li P, Arellano - Garcia H, Wozny G. Chance constrained programming approach to process optimization under uncertainty [J]. Computers & Chemical Engineering, 2008, 32 (1 - 2): 25 - 45.

[7] Sankararaman S. Uncertainty Reduction using Bayesian Inference and Sensitivity Analysis: A. Sequential Approach to the NASA Langley Uncertainty Quantification Challenge [C]. 18th AIAA. Non - Deterministic Approaches Conference, 2016: 1194.

[8] Pranay S, Paul C, Gianluca I. Aggressive design under uncertainty [C]. 16th AIAA. Non - Deterministic Approaches Conference, 2014.

[9] Hu X Z, Chen X Q, Lattarulo V, et al. Multidisciplinary optimization under high - dimensional uncertainty for small satellite system design [J]. AIAA Journal, 2016, 54 (5): 1732 - 1741.

[10] Alan S U. Non - deterministic design and analysis of parameterized optical structures during conceptual design [D]. Cambridge: Massachusetts Institute of Technology, 2007: 261 - 272.

[11] Long M W, Narciso J D. Probabilistic design methodology for composite aircraft structures

[T]. 1999.

[12] Li L. Structural design of composite rotor blades with consideration of manufacturability, durability, and manufacturing uncertainties [D]. Ann Arbor: University of Michigan, 2008.

[13] Li W, Hyuse L, Padula S. Robust airfoil optimization to achieve consistent drag reduction over a Mach range [R]. DTIC: Document, 2001.

[14] Gumbert C R, Newman P A. Effect of Random Geometric Uncertainty on the Computational Design of a 3 - D Flexible Wing [C]. 20th AIAA Applied Aerodynamics, 2002.

[15] Lindsley N J, Pettit C L, Beran P S. Nonlinear plate aeroelastic response with uncertain stiffness and boundary conditions [J]. Structures and Infrastructure Engineering, 2006, 2 (3 - 4): 201 - 220.

[16] Wie B, Liu Q, Sunkel J. Robust stabilization of the space station in the presence of inertia matrix uncertainty [J]. Journal of Guidance, Control, and Dynamics, 1995, 18 (3): 611 - 617.

[17] Delaurentis D A. A probabilistic approach to aircraft design emphasizing guidance and stability and control uncertainties [D]. Atlanta: Georgia Institute of Technology, 1998.

[18] Giacomin P A S, Hemerly E M, Pedrycz W. A probabilistic approach for designing nonlinear optimal robust tracking controllers for unmanned aerial vehicles [J]. Applied Soft Computing, 2015: 26 - 38.

[19] Wang X J, Qiu Z P, Söffker D. Uncertainty - based design optimization in engineering: model, algorithm, and application [J]. Journal of Applied Mathematics, 2013, 2013 (8): 1 - 2.

[20] Hu X Z, Chen X Q, Parks G T, et al. Review of improved monte carlo methods in uncertainty - based design optimization for aerospace vehicles [J]. Progress in Aerospace Sciences, 2016 (86): 20 - 27.

[21] Sobieszczanski - Sobieski J, Morris A, van Tooren M J, et al. Modern design and optimization [J]. Multidisciplinary Design Optimization Supported by Knowledge Based Engineering, 2015: 10 - 26.

[22] Crespo L G, Kenny S P, Giesy D P. The NASA langley multidisciplinary uncertainty quantification challenge [C]. 16th AIAA Non - Deterministic Approaches Conference, AIAA Reston, VA, 2014: 1 - 17.

[23] Crespo L G, Kenny S P. Special edition on uncertainty quantification of the AIAA journal of aerospace computing, information, and communication [J]. Journal of Aerospace Information Systems, 2015, 12 (1): 9.

[24] Zabaras N. Spectral Methods for Uncertainty Quantification [M]. Berlin: Springer,

2007.

[25] Le Maitre O P, Knio O M. Introduction: Uncertainty Quantification and Propagation [M]. Berlin: Springer, 2010.

[26] Sahinidis N V. Optimization under uncertainty: state - of - the - art and opportunities [J]. Computers & Chemical Engineering, 2004, 28 (6 - 7): 971 - 983.

[27] Biegler L, Biros G, Ghattas O, et al. Large - Scale Inverse Problems and Quantification of Uncertainty [M]. Hoboken: John Wiley & Sons, 2011.

[28] 王振国，陈小前，罗文彩，等．飞行器多学科设计优化理论与应用研究 [M]. 北京：国防工业出版社，2006.

[29] Zhang X D, Huang H Z. Sequential optimization and reliability assessment for multidisciplinary design optimization under aleatory and epistemic uncertainties [J]. Structural and Multidisciplinary Optimization, 2010, 40 (1 - 6): 165 - 175.

[30] Eldred M S, Swiler L P, Tang G. Mixed aleatory - epistemic uncertainty quantification with stochastic expansions and optimization - based interval estimation [J]. Reliability Engineering & System Safety, 2011, 96 (9): 1092 - 1113.

[31] Medina J C. Optimization under uncertainty: adaptive variance reduction, adaptive metamodeling, and investigation of robustness measures [D]. South Bend: University of Notre Dame, 2014.

[32] Zio E. The Monte Carlo Simulation Method for System Reliability and Risk Analysis [M]. Berlin: Springer, 2013.

[33] Landau D P, Binder K. A Guide to Monte Carlo Simulations in Statistical Physics [M]. Cambridge: Cambridge University Press, 2014.

[34] Anderson T V, Mattson C A. Propagating skewness and kurtosis through engineering models for low - cost, meaningful, nondeterministic design [J]. Journal of Mechanical Design, 2012, 134 (10): 1 - 9.

[35] Padula S L, Gumbert C R, Li W. Aerospace applications of optimization under uncertainty [J]. Optimization and Engineering, 2006, 7 (3): 317 - 328.

[36] Mourelatos Z P, Liang J H. A methodology for trading - off performance and robustness under uncertainty [J]. Journal of Mechanical Design, 2006, 128 (4): 856 - 863.

[37] Paiva R M, Crawford C, Suleman A. Robust and reliability - based design optimization framework for wing design [J]. AIAA Journal, 2014, 52 (4): 711 - 724.

[38] Lee I, Choi K, Du L, et al. Dimension reduction method for reliability - based robust design optimization [J]. Computers & Structures, 2008, 86 (13): 1550 - 1562.

[39] Li M, Hamel J, Azarm S. Optimal uncertainty reduction for multi - disciplinary multi - output systems using sensitivity analysis [J]. Structural & Multidisciplinary

Optimization, 2010, 40 (1 - 6): 77 - 96.

[40] Torgerson W S. Theory and Methods of Scaling [M]. New York: Wiley, 1958.

[41] Jolliffe I. Principal Component Analysis [M]. Berlin: Springer, 2005.

[42] Duda R O, Hart P E, Stork D G. Pattern Classification [M]. Hoboken: John Wiley & Sons, 2012.

[43] Wang J. Geometric Structure of High - Dimensional Data and Dimensionality Reduction [M]. Berlin: Springer, 2012.

[44] Schölkopf B, Smola A, Müller K - R. Nonlinear component analysis as a kernel eigenvalue problem [J]. Neural Computation, 1998, 10 (5): 1299 - 1319.

[45] Roweis S T, Saul L K. Nonlinear dimensionality reduction by locally linear embedding [J]. Science, 2000, 290 (5500): 2323 - 2326.

[46] Donoho D L, Grimes C. Hessian eigenmaps: locally linear embedding techniques for high - dimensional data [J]. Proceedings of the National Academy of Sciences, 2003, 100 (10): 5591 - 5596.

[47] Belkin M, Niyogi P. Laplacian eigenmaps for dimensionality reduction and data representation [J]. Neural Computation, 2003, 15 (6): 1373 - 1396.

[48] Kroese D P, Taimre T, Botev Z I. Handbook of Monte Carlo Methods [M]. Hoboken: John Wiley & Sons, 2013.

[49] Ouyang Q, Chen X Q, Yao W. Comparison of the Function Regression Method and Data Classification Method for Limit State Function Approximation [V]. Advanced Materials Research, 2013 (774 - 776): 1738 - 1744.

[50] Helton J C, Davis F J. Latin hypercube sampling and the propagation of uncertainty in analyses of complex systems [J]. Reliability Engineering & System Safety, 2003, 81 (1): 23 - 69.

[51] Hinrichs A. Optimal importance sampling for the approximation of integrals [J]. Journal of Complexity, 2010, 26 (2): 125 - 134.

[52] Boukouvala F, Ierapetritou M G. Feasibility analysis of black - box processes using an adaptive sampling Kriging - based method [J]. Computers & Chemical Engineering, 2012 (36): 358 - 368.

[53] Neiderreiter H. Random Number Generation and Quasi Monte - Carlo Methods [M]. Philadelphia: SIAM Press, 1992.

[54] Liu W K, Belytschko T, Mani A. Probabilistic finite elements for nonlinear structural dynamics [J]. Computer Methods in Applied Mechanics & Engineering, 1986, 56 (1): 61 - 81.

[55] Liu W K, Ted B, Mani A. Random field finite elements [J]. International Journal for

Numerical Methods in Engineering, 1986, 23 (10): 1831 - 1845.

[56] Yao W, Chen X Q, Ouyang Q, et al. A reliability - based multidisciplinary design optimization procedure based on combined probability and evidence theory [J]. Structural and Multidisciplinary Optimization, 2013, 48 (2): 339 - 354.

[57] McDonald M, Zaman K, Mahadevan S. Representation and first - order approximations for propagation of aleatory and distribution parameter uncertainty [C]. Proceedings of 50th AIAA/ASME/ASCE/AHS/ASC. Structures, Structural Dynamics, and Materials Conference, 2009: 4 - 7.

[58] Mahadevan S, Smith N. Efficient first - order reliability analysis of multidisciplinary systems [J]. International Journal of Reliability and Safety, 2006, 1 (1): 137 - 154.

[59] Mahadevan S, Smith N L, Zang T A. System Risk Assessment and Allocation in Conceptual Design [M]. Washington D C: National Aeronautics and Space Administration, Langley Research Center, 2003.

[60] Kewlani G, Crawford J, Iagnemma K. A polynomial chaos approach to the analysis of vehicle dynamics under uncertainty [J]. Vehicle System Dynamics, 2012, 50 (5): 749 - 774.

[61] Wiener N. The homogeneous chaos [J]. American Journal of Mathematics, 1938, 60 (1): 897 - 936.

[62] Ghanem R G, Spanos P D. Stochastic Finite Elements: A Spectral Approach [M]. Berlin: Springer, 1991.

[63] Xiu D B, Karniadakis G E. The Wiener - Askey polynomial chaos for stochastic differential equations [J]. SIAM Journal on Scientific Computing, 2003, 24 (2): 619 - 644.

[64] Xiu D B, Hesthaven J S. High - order collocation methods for differential equations with random inputs [J]. SIAM Journal on Scientific Computing, 2005, 27 (3): 1118 - 1139.

[65] Bungartz H J. Sparse grids [J]. Acta Numerica, 2004 (13): 147 - 269.

[66] Hu X Z, Parks G T, Chen X Q, et al. Discovering a one - dimensional active subspace to quantify multidisciplinary uncertainty in satellite system design [J]. Advances in Space Research, 2016, 57 (5): 1268 - 1279.

[67] Zaman K, Mahadevan S. Robustness - Based Design Optimization of Multidisciplinary System Under Epistemic Uncertainty [J]. AIAA Journal, 2013, 51 (5): 1021 - 1031.

[68] Walley P. Towards a unified theory of imprecise probability [J]. International Journal of Approximate Reasoning, 2000, 24 (2): 125 - 148.

[69] Ben - Haim Y, Elishakoff I. Convex Models of Uncertainty in Applied Mechanics [M]. Amsterdam: Elsevier, 2013.

[70] Gao W, Song C, Tin - Loi F. Probabilistic interval analysis for structures with uncertainty [J]. Structural Safety, 2010, 32 (3): 191 - 199.

[71] Moore R E. Methods and Applications of Interval Analysis [M]. Philadelphia: SIAM, 1979.

[72] Guo J, Du X P. Reliability analysis for multidisciplinary systems with random and interval variables [J]. AIAA Journal, 2010, 48 (1): 82 - 91.

[73] Moore R E, Kearfott R B, Cloud M J. Introduction to Interval Analysis [M]. Philadelphia: SIAM, 2009.

[74] Bae H - R, Grandhi R V, Canfield R A. Epistemic uncertainty quantification techniques including evidence theory for large - scale structures [J]. Computers & Structures, 2004, 82 (13): 1101 - 1112.

[75] Yao W, Chen X Q, Huang Y Y, et al. Sequential optimization and mixed uncertainty analysis method for reliability - based optimization [J]. AIAA Journal, 2013, 51 (9): 2266 - 2277.

[76] Negoita C, Zadeh L, Zimmermann H. Fuzzy sets as a basis for a theory of possibility [J]. Fuzzy Sets and Systems, 1978 (1): 3 - 28.

[77] Zimmermann H J. Fuzzy Set Theory and Its Applications [M]. Berlin: Springer Science & Business Media, 2001.

[78] Dubois D, Prade H. Possibility Theory [M]. Berlin: Springer, 2009.

[79] Jakeman J, Eldred M, Xiu D B. Numerical approach for quantification of epistemic uncertainty [J]. Journal of Computational Physics, 2010, 229 (12): 4648 - 4663.

[80] Helton J C, Oberkampf W L. Alternative representations of epistemic uncertainty [J]. Reliability Engineering & System Safety, 2004, 85 (85): 1 - 10.

[81] Helton J C, Johnson J D, Oberkampf W L. An exploration of alternative approaches to the representation of uncertainty in model predictions [J]. Reliability Engineering and System Safety, 2004, 85 (1): 39 - 71.

[82] Zhang X, Huang H Z, Xu H. Multidisciplinary design optimization with discrete and continuous variables of various uncertainties [J]. Structural and Multidisciplinary Optimization, 2010, 42 (4): 605 - 618.

[83] Bowcutt K G. A perspective on the future of aerospace vehicle design [C]. 12th AIAA International Space Planes and Hypersonic Systems and Technologies, Norfolk, VA, 2003: 2003 - 6957.

[84] Adduri P R, Penmetsa R C. System reliability analysis for mixed uncertain variables [J]. Structural Safety, 2009, 31 (5): 375 - 382.

[85] Du X P. Unified uncertainty analysis by the first order reliability method [J]. Journal of Mechanical Design, 2008, 130 (9): 1404.

[86] Zaman K. Modeling and management of epistemic uncertainty for multidisciplinary system analysis and design [D]. Nashville: Vanderbilt University, 2010.

[87] Martins J R, Lambe A B. Multidisciplinary design optimization: A survey of architectures [J]. AIAA Journal, 2013, 51 (9): 2049 - 2075.

[88] Kodiyalam S. Evaluation of Methods for Multidisciplinary Design Optimization (MDO), Phase I [M]. Washington D C: NASA, Langley Research Center, 1998.

[89] Kodiyalam S, Yuan C. Evaluation of methods for multidisciplinary design optimization (MDO), Part II [R]. NASA Contractor Report, 2000.

[90] Messac A, Ismail - Yahaya A. Multiobjective robust design using physical programming [J]. Structural and Multidisciplinary Optimization, 2002, 23 (5): 357 - 371.

[91] Lee K - H, Park G - J. Robust optimization considering tolerances of design variables [J]. Computers & Structures, 2001, 79 (1): 77 - 86.

[92] Chen W, Sahai A, Messac A, et al. Exploration of the effectiveness of physical programming in robust design [J]. Journal of Mechanical Design, 2000, 122 (2): 155 - 163.

[93] Chen W, Wiecek M M, Zhang J. Quality utility: a compromise programming approach to robust design [J]. Journal of Mechanical Design, 1999, 121 (2): 179 - 187.

[94] Rai M M. Robust optimal design with differential evolution [C]. New York: 10th AIAA/ISSMO Multidisciplinary Analysis and Optimization Conference, 2004.

[95] Li M, Azarm S, Aute V. A multi - objective genetic algorithm for robust design optimization [C]. Proceedings of the 7th annual conference on Genetic and evolutionary computation, ACM, 2005: 771 - 778.

[96] Rangavajhala S, Mullur A A, Messac A. Uncertainty visualization in multiobjective robust design optimization [C]. Proceedings of the 47th AIAA/ASME/ASCE/AHS/ASC. Structures, Structural Dynamics, and Materials Conference, 2006.

[97] Yao W, Guo J, Chen X Q, et al. Utilizing uncertainty multidisciplinary design optimization for conceptual design of space systems [C]. 8th Annual Conference on Systems Engineering Research, CSER 2010, Hoboken, NJ, USA, 17 - 19 March 2010: 324 - 333.

[98] Das I, Dennis J E. A closer look at drawbacks of minimizing weighted sums of objectives for Pareto set generation in multicriteria optimization problems [J]. Structural Optimization, 1997, 14 (1): 63 - 69.

[99] Frangopol D M, Maute K. Life - cycle reliability - based optimization of civil and aerospace structures [J]. Computers & Structures, 2003, 81 (7): 397 - 410.

[100] Tu J, Choi K K, Park Y H. Design potential method for robust system parameter design

[J]. AIAA Journal, 2001, 39 (4): 667 - 677.
[101] Li X Q, Zhang B, Li H. Computing efficient solutions to fuzzy multiple objective linear programming problems [J]. Fuzzy Sets and Systems, 2006, 157 (10): 1328 - 1332.
[102] Liu B. Theory and Practice of Uncertain Programming [M]. Berlin: Springer, 2002.
[103] Spall J C. Introduction to Stochastic Search and Optimization: Estimation, Simulation, and Control [M]. Hoboken: John Wiley & Sons, 2005.
[104] 汤涛，周涛. 不确定性量化的高精度数值方法和理论 [J]. 中国科学：数学，2015，45 (7)：891 - 928.
[105] Box G E, Draper N R. Empirical Model - Building and Response Surfaces [M]. New York: Wiley, 1987.
[106] Cherkassky V, Mulier F M. Learning from Data: Concepts, Theory, and Methods [M]. Hoboken: John Wiley & Sons, 2007.
[107] Forrester A, Sobester A, Keane A. Engineering Design Via Surrogate Modelling: A Practical Guide [M]. Hoboken: John Wiley & Sons, 2008.
[108] Allen T T, Bernshteyn M A, Kabiri - Bamoradian K. Constructing meta - models for computer experiments [J]. Journal of Quality Technology, 2003, 35 (3): 264 - 274.
[109] Hastie T, Tibshirani R, Friedman J, et al. The elements of statistical learning: data mining, inference and prediction [J]. The Mathematical Intelligencer, 2005, 27 (2): 83 - 85.
[110] Simpson T W, Poplinski J D, Koch P N, et al. Metamodels for computer - based engineering design: survey and recommendations [J]. Engineering with Computers, 2001, 17 (2): 129 - 150.
[111] Montgomery D C. Design and analysis of experiments, 8th edition [J]. Environmental Progress & Sustainable Energy, 2013, 32 (1): 8 - 10.
[112] Kim S H, Na S W. Response surface method using vector projected sampling points [J]. Structural Safety, 1997, 19 (1): 3 - 19.
[113] Kaymaz I, Mcmahon C A. A response surface method based on weighted regression for structural reliability analysis [J]. Probabilistic Engineering Mechanics, 2005, 20 (1): 11 - 17.
[114] Boudjemai A, Bacetti A, Zafrane M A, et al. Multidisciplinary design optimization in small satellite [J]. Multiphysics Modelling and Simulation for Systems Design and Monitoring, 2015 (2): 229 - 238.
[115] Wasson C S. System Analysis, Design, and Development: Concepts, Principles, and Practices [M]. Hoboken: John Wiley & Sons, 2006.
[116] Zeitlin N P, Schaefer S J, Brown B L, et al. NASA ground and launch systems

processing technology area roadmap [C]. Aerospace Conference, 2012 IEEE, 2012: 1-19.

[117] Nikbay M, Acar P, Aslan A R. Reliability Based Design Optimization of a CubeSat De-Orbiting Mechanism [C]. 12th AIAA. Aviation Technology, Integration, and Operations (ATIO) Conference and 14th AIAA/ISSMO Multidisciplinary Analysis and Optimization Conference, 2013: 5711.

[118] Pellissetti M, Capiez-Lernout E, Pradlwarter H, et al. Reliability analysis of a satellite structure with a parametric and a non-parametric probabilistic model [J]. Computer Methods in Applied Mechanics and Engineering, 2008, 198 (2): 344-357.

[119] Manan A, Cooper J. Design of composite wings including uncertainties: a probabilistic approach [J]. Journal of Aircraft, 2009, 46 (2): 601-607.

[120] Zaidan M A, Harrison R F, Mills A R, et al. Bayesian hierarchical models for aerospace gas turbine engine prognostics [J]. Expert Systems with Applications, 2015, 42 (1): 539-553.

[121] Fang H Z, Shi H, Xiong Y, et al. The component-level and system-level satellite power system health state evaluation method [C]. Prognostics and System Health Management Conference (PHM-2014 Hunan), 2014, IEEE, 2014: 683-688.

[122] Brevault L, Balesdent M, Bérend N, et al. Challenges and future trends in Uncertainty-Based Multidisciplinary Design Optimization for space transportation system design [C]. 5th European Conference for Aeronautics and Space Sciences (EUCASS 2013), 2013.

[123] Yao W, Chen X Q, Ouyang Q, et al. A surrogate based multistage-multilevel optimization procedure for multidisciplinary design optimization [J]. Structural and Multidisciplinary Optimization, 2011, 45 (4): 559-574.

[124] Hwang J T, Lee D Y, Cutler J W, et al. Large-scale multidisciplinary optimization of a small satellite's design and operation [J]. Journal of Spacecraft and Rockets, 2014, 51 (5): 1648-1663.

[125] Tipireddy R, Ghanem R. Basis adaptation in homogeneous chaos spaces [J]. Journal of Computational Physics, 2014, 259 (2): 304-317.

[126] Katherine Alston P, Doyle S, Winter T, et al. High Fidelity Multidisciplinary Optimization (HFMDO) [C]. AIAA/ISSMO Multidisciplinary Optimization Conference, 2013.

[127] Jafarsalehi A, Fazeley H, Mirshams M. Spacecraft mission design optimization under uncertainty [J]. Proceedings of the Institution of Mechanical Engineers, Part C: Journal of Mechanical Engineering Science, 2015.

[128] 吴蓓蓓，黄海，陈珅艳，等．使用解析目标分流策略的海洋卫星多学科优化 [J]. 宇航学报，2013，34 (1)：9-16.

[129] Chang Y K, Hwang K L, Kang S J. SEDT (System Engineering Design Tool) development and its application to small satellite conceptual design [J]. Acta Astronautica, 2007, 61 (7): 676 - 690.

[130] Ferebee M J, Troutman P A, Monell D W. Satellite Systems Design/Simulation Environment: A Systems Approach to Pre - Phase A. Design [C]. Proceedings of the 34th AIAA. Aerospace Sciences Meeting and Exhibit, 1997: 6 - 9.

[131] Breitkopf P, Coelho R F. Multidisciplinary Design Optimization in Computational Mechanics [M]. Hoboken: John Wiley & Sons, 2013.

[132] Scott D W. The Curse of Dimensionality and Dimension Reduction [M]. Hoboken: John Wiley & Sons, 2015.

[133] Constantine P G. Active subspaces: emerging ideas for dimension reduction in parameter studies [J]. Computing Reviews, 2016, 57 (8): 477 - 478.

[134] Russi T M. Uncertainty quantification with experimental data and complex system models [D]. Berkeley: University of California, Berkeley, 2010.

[135] Stewart G W. Error and perturbation bounds for subspaces associated with certain eigenvalue problems [J]. SIAM Review, 1973, 15 (4): 727 - 764.

[136] Press B, Tibshirani R J. An Introduction to the Bootstrap [M]. London: CRC Press, 1994.

[137] Briers M. Improved Monte Carlo methods for state - space models [D]. Cambridge: University of Cambridge, 2007.

[138] Bebendorf M. A note on the poincaré inequality for convex domains [J]. Journal of Analysis and its Applications, 2003 (22): 751 - 756.

[139] Deif A. The interval eigenvalue problem [J]. Zamm Journal of Applied Mathematics & Mechanics , 1991, 71 (1): 61 - 64.

[140] Ferson S, Kreinovich V, Hajagos J, et al. Experimental Uncertainty Estimation and Statistics for Data Having Interval Uncertainty [M]. Albuquerque: Sandia National Laboratories, 2007.

[141] Patelli E, Angelis M D. Line sampling approach for extreme case analysis in presence of aleatory and epistemic uncertainties [C]. Safety and Reliability of Complex Engineered Systems, 2015.

[142] Silverman B W. Density Estimation for Statistics and Data Analysis [M]. London: CRC Press, 1986.

[143] Balesdent M, Morio J, Marzat J. Kriging - based adaptive importance sampling algorithms for rare event estimation [J]. Structural Safety, 2013 (44): 1 - 10.

[144] Myers R H, Montgomery D C. Response surface methodology: process and product in

optimization using designed experiments [J]. Technometrics, 1996, 38 (3): 284 - 286.

[145] Hurtado J E, Alvarez D A. An optimization method for learning statistical classifiers in structural reliability [J]. Probabilistic Engineering Mechanics, 2010, 25 (1): 26 - 34.

[146] Agrawal A, Deshpande P D, Cecen A, et al. Exploration of data science techniques to predict fatigue strength of steel from composition and processing parameters [J]. Integrating Materials & Manufacturing Innovation, 2014, 3 (1): 1 - 19.

[147] Kaipio J, Somersalo E. Statistical and Computational Inverse Problems [M]. Berlin: Springer Science & Business Media, 2006.

[148] Cui T G, Martin J, Marzouk Y M, et al. Likelihood - informed dimension reduction for nonlinear inverse problems [J]. Inverse Problems, 2014, 30 (11): 1 - 28.

[149] Jasra A. Bayesian inference for mixture models via Monte Carlo computation [D]. London: Imperial College London (University of London), 2006.

[150] Rue H, Martino S, Chopin N. Approximate bayesian inference for latent gaussian models by using integrated nested laplace approximations [J]. Journal of the Royal Statistical Society: Series B (Statistical Methodology), 2009, 71 (2): 319 - 392.

[151] Brooks S, Gelman A, Jones G L, et al. Handbook of markov chain monte carlo [J]. Chance, 2011, 25 (1): 53 - 55.

[152] Vrugt J A, Ter Braak C, Diks C, et al. Accelerating markov chain monte carlo simulation by differential evolution with self - adaptive randomized subspace sampling [J]. International Journal of Nonlinear Sciences and Numerical Simulation, 2009, 10 (3): 273 - 290.

[153] Chib S, Greenberg E. Understanding the metropolis - hastings algorithm [J]. The American Statistician, 1995, 49 (4): 327 - 335.

[154] Ray T. Golinski's speed reducer problem revisited [J]. AIAA Journal, 2003, 41 (3): 556 - 558.

[155] Allen M, Maute K. Reliability - based design optimization of aeroelastic structures [J]. Structural and Multidisciplinary Optimization, 2004, 27 (4): 228 - 242.

[156] Lillacci G, Khammash M. A. distribution - matching method for parameter estimation and model selection in computational biology [J]. International Journal of Robust & Nonlinear Control, 2012, 22 (10): 1065 - 1081.

[157] Seshadri P, Constantine P, Iaccarino G, et al. Aggressive design: A density - matching approach for optimization under uncertainty [J]. Computer Methods in Applied Mechanics and Engineering, 2016 (305): 562 - 578.

[158] Gibbs A L, Su F E. On choosing and bounding probability metrics [J]. International Statistical Review, 2002, 70 (3): 419 - 435.

[159] Shimazaki H, Shinomoto S. Kernel bandwidth optimization in spike rate estimation [J]. Journal of Computational Neuroscience, 2010, 29 (1-2): 171-182.

[160] Hwang J T. A modular approach to large-scale design optimization of aerospace systems [D]. Michigan University, 2015.

[161] Hu X Z, Chen X Q, Zhao Y. Optimization design of satellite separation systems based on multi-island genetic algorithm [J]. Advances in Space Research, 2014, 53 (5): 870-876.

[162] Yuan G, Wei Z. Convergence analysis of a modified BFGS method on convex minimizations [J]. Computational Optimization & Applications, 2010, 47 (2): 237-255.

[163] Jones M C, Marron J S, Sheather S J. A brief survey of bandwidth selection for density estimation [J]. Journal of the American Statistical Association, 1996, 91 (433): 401-407.

[164] Scott D W. Multivariate Density Estimation: Theory, Practice, and Visualization [M]. Hoboken: John Wiley & Sons, 2015.

[165] Branda M. Chance constrained problems: penalty reformulation and performance of sample approximation technique [J]. Kybernetika, 2012, 48 (1): 105-122.

[166] Eskandari H, Geiger C D, Bird R. Handling uncertainty in evolutionary multiobjective optimization: SPGA [C]. Evolutionary Computation, IEEE. Congress on, 2007: 4130-4137.

[167] Schwefel H-P P. Evolution and Optimum Seeking: The Sixth Generation [M]. Hoboken: John Wiley & Sons, Inc, 1993.

[168] Valerio Lattarulo, Dijk S G V. Application of the "Alliance algorithm" to energy constrained gait optimization [C]. The Robocup International Symposium, 2011: 472-483.

[169] Lei Z, Wei G, Yan D W, et al. Study of reconfiguration for the distribution network with distributed generations based on multi-agent alliance algorithm [J]. Power System Protection & Control, 2012, 40 (10): 95-100, 105.

[170] Jeyakumar D, Rao B N. Dynamics of satellite separation system [J]. Journal of Sound and Vibration, 2006, 297 (1-2): 444-455.

[171] Cui D L, Zhao J L, Yan S Z, et al. Analysis of parameter sensitivity on dynamics of satellite separation [J]. Acta Astronautica, 2015 (114): 22-33.

[172] Huang W H, Cao D Q, Han Z Y, et al. Advances and trends in dynamics and control of spacecrafts [J]. Advances in Mechanics, 2012, 42 (4): 367-393.

[173] Singaravelu J, Jeyakumar D, Rao B N. Reliability and safety assessments of the satellite

separation process of a typical launch vehicle [J]. The Journal of Defense Modeling and Simulation: Applications, Methodology, Technology, 2012, 9 (4): 369 - 382.

[174] Fu B H, Du G H. Separation dynamics process of piggyback satellite from launch vehicle [J]. Flight Dynamics, 2006, 24 (1): 55 - 58.

[175] Hu X Z, Chen X Q, Tuo Z H, et al. Dynamics and transient perturbation analysis of satellite separation systems [J]. Proceedings of the Institution of Mechanical Engineers Part G - Journal of Aerospace Engineering, 2013, 227 (12): 1968 - 1976.

[176] Cui D L, Yan S Z, Li J L, et al. Dynamic analysis of satellite separation considering the flexibility of interface rings [J]. Proceedings of the Institution of Mechanical Engineers Part G - Journal of Aerospace Engineering, 2015, 229 (10): 1886 - 1902.

[177] Tayefi M, Ebrahimi M. Design and analysis of separation systems based on an optimization approach [C]. Proceedings of the 47th AIAA. Aerospace Sciences Meeting Including the New Horizons Forum and Aerospace Exposition, 2009.

[178] Junkins J L, Schaub H. Analytical Mechanics of Aerospace Systems [M]. New York: American Institute of Aeronautics and Astronautics, 2009.

[179] Wang Y. On fast computation of the non - parametric maximum likelihood estimate of a mixing distribution [J]. Journal of the Royal Statistical Society, 2007, 69 (2): 185 - 198.

[180] Hu X Z, Zhu Z K, Chen X Q. Accurate vision measurement for kinematic parameters of satellite separation tests [J]. Journal of Central South University, 2013, 20 (7): 1825 - 1831.

[181] Chen X Q, Lin T, Tang X Y. Study on parameter designing and performance for genetic algorithm [J]. Computer Engineering & Design, 2004, 25 (8): 1309 - 1310, 1319.

[182] Neeck S P, Magner T J, Paules G E. NASA′s small satellite missions for earth observation [J]. Acta Astronautica, 2005, 56 (1): 187 - 192.

[183] James R W, Wiley J L. Space Mission Analysis and Design [M]. Torrance: Microcosm Press, 1999.

[184] Ravanbakhsh A, Mortazavi M, Roshanian J. Multidisciplinary design optimization approach to conceptual design of a LEO earth observation microsatellite [C]. Proceeding of AIAA. SpaceOps 2008 Conference, Heidelberg, 2008.

[185] 欧阳琦. 飞行器不确定性多学科设计优化关键技术研究与应用 [D]. 长沙: 国防科技大学, 2013.

[186] 袁家军. 卫星结构设计与分析 [M]. 北京: 中国宇航出版社, 2004.

[187] Hu X Z, Parks G T, Chen X Q, et al. Discovering a one - dimensional active subspace to quantify multidisciplinary uncertainty in satellite system design [J]. Advances in Space

Research, 2016, 57 (5): 1268 - 1279.

[188] Mesmer B, Bloebaum C, Kannan H. Incorporation of value - driven design in multidisciplinary design optimization [C]. 10th World Congress on Structural and Multidisciplinary Optimization, 2013.

[189] Santandrea S, Gantois K, Strauch K, et al. PROBA2: Mission and spacecraft overview [J]. Solar Physics, 2013, 286 (1): 5 - 19.

[190] Staehle R L, Blaney D, Hemmati H, et al. Interplanetary CubeSats: opening the solar system to a broad community at lower cost [C]. CubeSat Developers' Workshop, Logan, UT, 2011.

[191] Staehle R, Blaney D, Hemmati H, et al. Interplanetary CubeSat architecture and missions [C]. AIAA Space Conference & Exposition, 2012.

[192] Johnson L. NEA scout and lunar flashlight: two nearterm interplanetary cubesat missions [J]. 2015.

[193] Phipps A, da Silva Curiel A, Meerman M, et al. Low cost lunar orbiter system design [C]. Aerospace Conference, 2003. Proceedings. 2003 IEEE, 2003: 1 - 237.

[194] Kara O. System - Level optimization approach for small satellite moon missions by using electric propulsion and mission cost survey for turkish space economy [J]. 2016.

[195] Hemmati H. Laser - communications with lunar cubesat [C]. 2nd International Workshop on Lunar - Cubes, 2013.

[196] Visscher P, Woolley D. Lunar rover analogue mission deployments [C]. 7th Symposium on Space Resource Utilization, 2014.

[197] Edelbaum T N. Optimum low - thrust rendezvous and station keeping [J]. Journal of Spacecraft and Rockets, 2003, 40 (6): 960 - 965.

[198] Kara O, Karabeyoglu A. Small Satellite Architecture Optimization: Electric Propulsion Moon Imaging Mission [C]. AIAA. SPACE. 2015 Conference and Exposition, 2015: 4600.

[199] Kluever C A. Using edelbaum's method to compute Low - Thrust transfers with earth - shadow eclipses [J]. Journal of Guidance, Control, and Dynamics, 2011, 34 (1): 300 - 303.

[200] Fortescue P, Swinerd G, Stark J. Spacecraft Systems Engineering [M]. Hoboken: John Wiley & Sons, 2011.

[201] Conversano R, Wirz R. CubeSat lunar mission using a miniature ion thruster [C]. AIAA/ASME/SAE/ASEE Joint Propulsion Conference & Exhibit, 2011.

[202] Conversano R W, Wirz R E. Mission capability assessment of cubesats using a miniature ion thruster [J]. Journal of Spacecraft and Rockets, 2013, 50 (5): 1035 - 1046.

[203] Chiasson T M, Lozano P C. Modeling the characteristics of propulsion systems providing less than 10 N thrust [D]. Cambridge: Aeronautics and Astronautics at the Massachusetts Institute

of Technology, 2012.

[204] Broder M A, Mahr E M, Barkmeyer D E, et al. Review of Three Small - Satellite Cost Models [C]. AIAA. SPACE. 2009 Conference & Exposition, 2009: 6689.

[205] Mahr E M. Small satellite cost model 2007 (SSCM07) user's manual [T]. The Aerospace Corporation, 2007.

[206] Qiang S, Yue J G. Review on fault prognostic methods based on uncertainty [J]. Kongzhi Yu Juece/Control & Decision, 2014, 29 (5): 769 - 778.

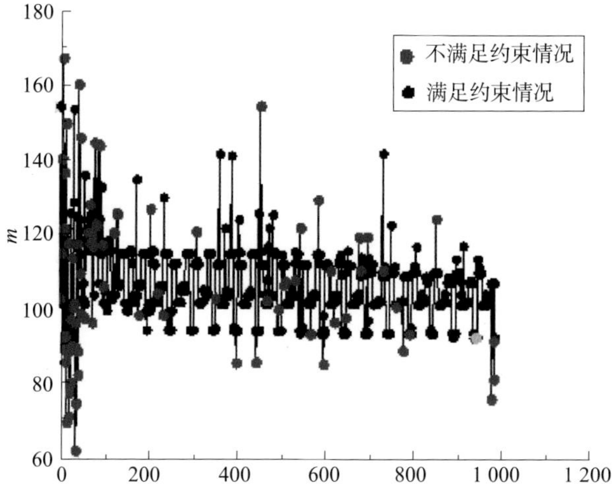

图 5－13　基于多岛遗传算法的目标函数寻优（P106）

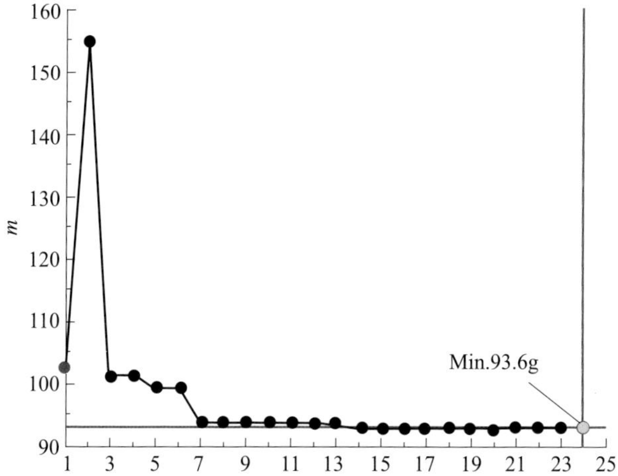

图 5－14　目标函数随优化代数的收敛结果（P106）

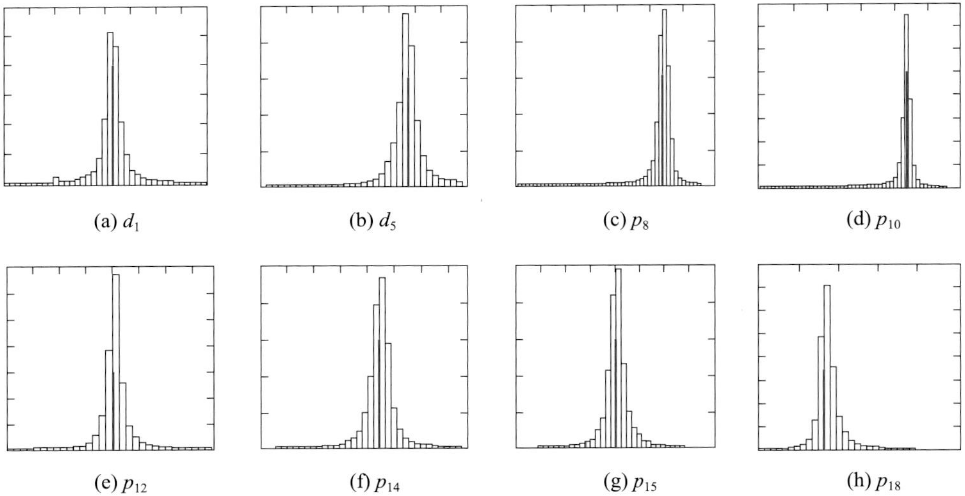

图 6－5　Bootstrap 方法对子空间系数进行校验（P121）

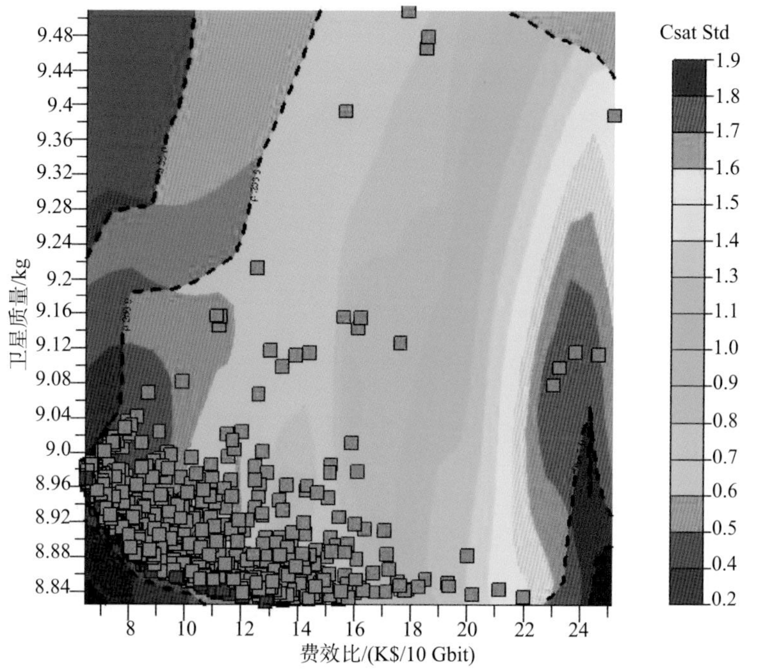

(a) 可行设计解

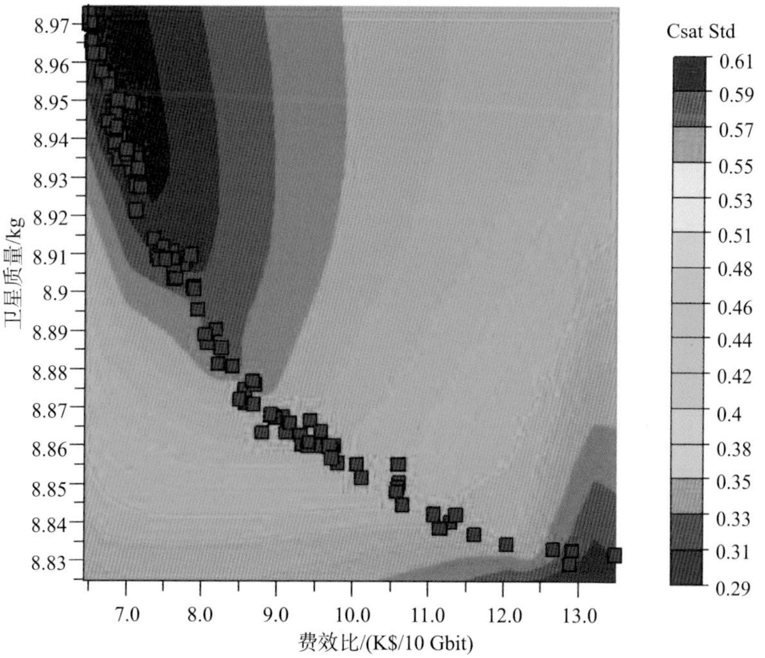

(b) Pareto最优解

图 7－7　UBDO 方法应用于月球探测纳星总体设计（P152）

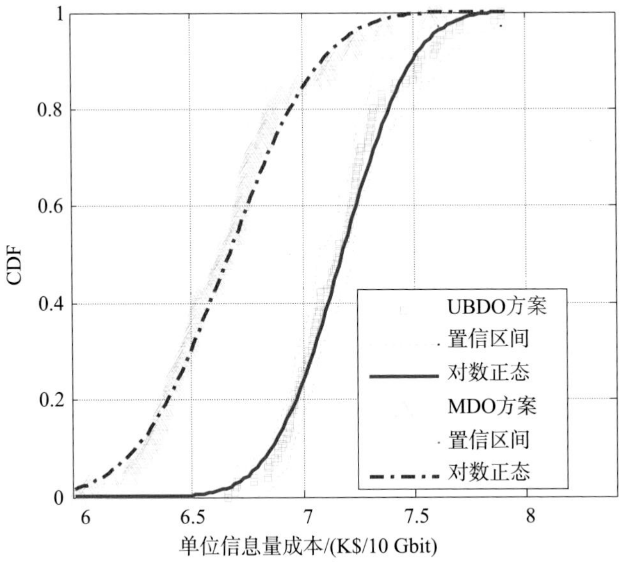

图 7-10 UBDO 与确定性优化的单位信息量成本 CDF 对比 (P155)